일본 가정식 한상 차림

일본 가정식 한상 차림

밥 짓기부터 술안주까지 식탁이 풍요로워지는 230가지 레시피

노자키 히로미쓰 지음 | 김소영 옮김

시그마북스
Sigma Books

일본 가정식 한상 차림

발행일 2024년 11월 8일 초판 1쇄 발행
지은이 노자키 히로미쓰
옮긴이 김소영
발행인 강학경
발행처 시그마북스
마케팅 정제용
에디터 최윤정, 양수진, 최연정
디자인 정민애, 강경희

등록번호 제10-965호
주소 서울특별시 영등포구 양평로 22길 21 선유도코오롱디지털타워 A402호
전자우편 sigmabooks@spress.co.kr
홈페이지 http://www.sigmabooks.co.kr
전화 (02) 2062-5288~9
팩시밀리 (02) 323-4197
ISBN 979-11-6862-287-6 (13590)

다시 한번 집밥을 마음껏 누리세요

봉긋하게 솟은 흰 쌀밥과 된장국, 김이 모락모락 나는 맛있는 반찬. 애정이 듬뿍 담긴 집밥은 그 무엇과도 바꿀 수 없는 최고의 만찬이라고 생각합니다.

집밥에는 음식점에서 내지 못하는 맛이 많습니다. 재료를 미리 손질해 놓지 않아도 되기 때문에 따끈따끈한 가장 맛있는 상태에서 먹을 수 있지요. 다시 한번 집밥의 좋은 점을 돌아보고 즐거운 마음으로 만들어서 가족이 화기애애하게 식탁에 둘러앉길 바라는 마음으로 이 책을 엮었습니다.

요리를 만들 때는 살짝 머리를 쓸 줄도 알아야 합니다. 과정 하나하나에는 반드시 이유가 있습니다. 저는 젊은 시절부터 항상 '왜 이렇게 만들까?', '이 과정은 왜 있는 걸까?' 하고 궁금해하면서 요리를 해왔습니다. 책에 나온 방법, 선배에게 배운 방법에도 '아니지 않나? 나라면 이렇게 할 텐데' 하며 새로운 방법을 시도하고 실수를 반복하면서 배운 내용이 아주 많습니다. 이 책에는 '왜?'라는 질문에 대한 제 나름의 결론을 되도록 차근차근 설명했으니 초보자는 쉽게 따라하고 베테랑은 새로운 내용을 발견할 수 있을 것입니다. 부디 읽고 만들고 맛을 몸소 느껴보세요. 그리고 스스로 '왜 이렇게 만들까?' 하고 질문을 던지면서 만들어보세요.

이 책은 초등학생부터 어르신까지, 여성분들이나 남성분들 모두 이용하셨으면 좋겠습니다. 사용하는 재료가 적고 만드는 법도 간단하기 때문이지요. 적힌 대로 충실히 따라오다 보면 자신감을 갖고 맛있는 음식을 만들게 되며 점점 레퍼토리가 늘어나 요리가 좋아질 것입니다. 그렇게 해서 여러분에게 집밥이 더 즐겁고 소중해지기를 바라는 마음입니다.

차 례

제1장

제대로 잘 만들고 싶은 인기 일상 요리

제2장

한 첩이 더 필요할 때 무침 · 절임 · 샐러드

제3장

재빨리 맛있게 만드는 술안주

제4장

메인 요리가 되는 구이튀김

제5장

평온해지는 맛 조림 · 찜 · 전골

제6장

레퍼토리가 늘어나는 밥 · 국

손수 만들어 맛이 각별한 달콤 · 후식

| 부록 |

반상을 차려보자

'반상'이라고 하면 어려워 보이지만 맛이나 영양 균형을 생각하면서 요리를 조합하는 것을 말한다. 소중한 사람을 위해, 또는 나를 위해 요리할 때는 먼저 반상 차림을 생각해보자.

흰 쌀밥과 어울리는 반상

살이 통통하게 오른 고등어에 소금을 쳐서 구운 심플한 반상이다. 소금 구이의 풍미를 온전히 살려 주는 흰 쌀밥에 무와 유부를 넣은 가장 일반적인 된장국을 더했다. 고등어에는 간 무와 레몬을 곁들여 느끼함을 잡았다. 밑반찬으로는 입가심 역할을 하는 쓴 맛이 있는 뿌리 파드득나물을 골랐다.

고등어 소금 구이
(간 무와 레몬을 곁들임)

뿌리 파드득나물 무침
(얇게 썬 가다랑어를 얹음)

된장국
(무, 유부, 미역, 대파)

밥

반상을 차릴 때는 흰 쌀밥에 메인을 생선으로 할지 고기로 할지, 혹은 영양밥이나 덮밥, 초밥처럼 풍미가 있는 밥으로 할지를 먼저 정한다. 정할 때는 '슈퍼에서 제철 생선이 맛있어 보였어', '오늘은 고기를 먹고 싶네', '어제랑 다른 반찬을 하자', '햅쌀이 나는 계절이니까 밥이랑 어울리는 반찬을 만들자' 등등 문득 떠오른 생각에서 출발해도 좋다.

　　국은 흰 밥일 때는 된장국, 풍미가 있는 밥일 때는 맑은 국으로 달라진다. 그 밖에도 반상을 차릴 때 생각해야 할 부분은 크게 네 가지가 있다(→16쪽).

영양밥에 어울리는 반상

영양밥은 밥에 염분이 들어가 있으므로 원칙적으로 국은 된장국이 아닌 맑은 국을 곁들인다. 초밥이나 덮밥도 마찬가지. 영양밥에는 영양이 듬뿍 들어 있으니 가벼운 달걀말이를 단백질 반찬으로 한다. 꼬투리 강낭콩 깨 무침은 풍미나 빛깔 면에서 전체를 조화롭게 잡아준다.

달걀말이
(간 무와 간장을 곁들임)

꼬투리 강낭콩 깨 무침

맑은 국
(두부, 묶은 파드득나물)

혼합 영양밥
(당근, 표고버섯, 유부, 실곤약)

반상을 차릴 때 중요한 네 가지 포인트

'오미·오색·오법'이 이상적

반상 차림에는 '오미(五味)·오색(五色)·오법(五法)'이 한데 어우러져야 한다.

오미란 단 맛, 매운 맛, 신 맛, 짠 맛, 쓴 맛을 가리킨다. 이 다섯 가지가 한데 어우러지면 맛이 풍부해져 상승효과가 생기기 때문에 더 맛있게 느껴진다.

오색이란 재료의 빛깔을 말하는데, 붉은색, 초록색, 노란색, 흰색, 검은색을 말한다. 고기나 토마토, 당근의 붉은색, 이파리 채소의 초록색, 달걀이나 호박의 노란색, 쌀이나 무의 흰색, 목이버섯이나 검은깨의 검은색 등 반상에 오색이 들어가면 빛깔이 좋아진다. 또한 다양한 식재료를 쓰게 되므로 영양도 균형이 잡힌다.

오법이란 조리법을 말하는데, 굽기, 끓이기, 튀기기, 삶기, 그리고 날로 먹는 것이다. 볶기도 더해서 육법으로 할 때도 있는데, 이 조리법들이 한데 어우러지면 반상 차림이 알차다.

'오미·오색·오법'을 완전히 갖추기란 어렵겠지만 어느 정도 구색을 맞추면 식탁이 풍요로워진다.

붉은색

검은색

노란색

〈식재료의 오색〉

초록색

흰색

2 맛의 호흡이 중요

반상 차림은 식사 전체의 균형이 중요하기 때문에 강약도 필요하다. '오미·오색·오법'이 모두 들어가도 밑반찬이 모두 강하거나 약한 맛만 있다면 풍미를 느낄 수 없다. 한 메뉴에 포인트를 놓고 다른 요리에는 그것을 보충하거나 돋보이게 하는 역할을 주어 강약을 조절해야 한다. 예를 들어, 맛이 강한 스테이크가 메인이라면 반찬으로는 드레싱에 기름을 쓰는 샐러드보다는 나물이 어울린다. 나아가 나물에는 동물성 단백질인 가다랑어포를 올리기보다는 깨를 뿌리면 좋다.

3 계절 느낌을 살려서

'계절 느낌'이란 식탁에서 가장 중요한 요소다. 소재 고르는 법, 사용하는 법, 조리법뿐 아니라 접시의 색깔이나 모양, 담음새 등으로도 표현할 수 있다.

① 재료에 대하여

각 계절에 맞는 재료를 사용하는 것이 가장 좋다. 맛과 영양 모두 제철 재료를 이길 것은 없다. 겨울에 여름 제철 재료인 오이를 주인공으로 한 '오이 절임'을 반찬으로 곁들이는 것에는 찬성할 수 없지만, 그래도 꼭 쓰고 싶다면 그대로 쓰지 말고 무침옷으로 써서 보조하는 역할로 돌리자.

또한 같은 두부라도 봄에는 벚꽃 모양으로, 가을에는 단풍 모양으로 계절을 표현하는 방법도 있다. 조미료도 계절에 따라 달리 쓰는데, 예를 들어 여름에는 맛이 깔끔한 핫초 된장(아이치 현 오카자키에서 만드는 검붉고 짠 된장), 겨울에는 단 맛이 있고 진한 백된장이 기호에도 맞고 몸에도 딱 좋다.

② 조리법에 대하여

겨울에는 몸을 덥혀주는 따끈따끈한 전골요리나 찜, 끓인 요리를 중심으로 하고 여름에는 시원한 요리를 넣으면 좋다.

조리법으로 계절 느낌을 살린 예로는 '다쓰타아게(튀김의 한 종류, 간장으로 간을 한 고기나 생선 등 밑재료에 전분을 묻혀 튀긴 음식)'를 들 수 있다. 단풍으로 유명한 다쓰타 강과 관련된 요리로 원래는 가을철 요리다. 간장 등으로 밑간을 한 적갈색 튀김으로 단풍을 표현했다. 이 요리를 봄에 만든다면 튀김옷에 푸성귀를 잘게 다져 넣어 초록색으로 튀겨 '봄 다쓰타아게'로 만든다. 같은 조리법이라도 계절을 따지며 공을 들이는 것이다.

4 영양의 균형도 맞춰서

우리는 매일 세끼 식사를 하기 때문에 영양 균형도 생각해야 한다. 고기가 메인이라면 채소가 반드시 필요하며 생선 요리를 할 때보다 두 배 정도 더 많이 준비한다. 사람의 몸을 차에 비유한다면 고기는 몸을 움직이는 '가솔린' 역할을 한다. 채소의 비타민은 윤활제 역할을 하는 '엔진오일'이라고 할 수 있다. 그런 의미에서도 '오색' 가운데 '초록색'은 특히 더 신경을 써야 한다.

계절별 반상차림 예시

⊙ 봄의 반상

벚꽃의 계절에 제철을 맞이하는 참돔은 꽃돔이라고 불리기도 한다. 달걀노른자를 유채꽃처럼 놓아서 봄의 운치를 자아낸다. 이 메인 요리의 맛이 강하기 때문에 밥은 완두콩만 넣고 간장으로 살짝 간을 한 영양밥으로 한다. 맑은 국 또한 제철 채소인 유채를 사용한다. 그리고 쓴 맛이 있는 고사리나물로 담백하게 마무리한다.

- 완두콩 밥
- 유채와 꽃 밀기울을 넣은 맑은 장국
- 도미 유채씨 구이
- 고사리나물

⊙ 가을의 반상

'도미 유채씨 구이'와 같은 방법으로 달걀노른자를 올린 소고기는 '황금 구이'라고 불린다. 버섯을 듬뿍 넣은 버섯 영양밥에 토란을 넣은 맑은 장국인 어린 토란국을 같이 놓는다. 감국(노란 국화, 황국)과 시금치를 삼배초(설탕, 소금, 간장, 식초 등을 섞은 초)와 간 무로 무친 반찬을 곁들인 한가을의 먹음직스러운 차림이다.

- **버섯 영양밥**(청유자)
- **어린 토란국**
- **소고기 황금 구이**
- **감국 간 무 무침**

이 책을 보는 법

이 책에서는 노자키 요리장의 기술이나 비결을 요리 해설, 만드는 법, 조언을 통해 충분히 소개한다. 읽으면 분명 이해가 깊어질 것이다. 그리고 충실히 실전에 옮기면 맛있는 요리를 만들 수 있다.

그리고 여러분은 요리가 어렵다고 느끼는가? 그렇지 않다. 추천하고 싶은 것이 두 가지 있다.

① 요리책을 사면 조미료의 배합을 빨간색으로 써둔다. 조림 국물이나 드레싱에는 요리 선생님만의 배합이 있다. 그 비율만 지키면 몇 인분을 만들어도 맛이 변하지 않는다.

② 부엌에 계산기를 둔다. 배합을 구체적인 분량으로 계산하기 위해서다.

이 책의 규칙

○ 1작은술=5ml, 1큰술=15ml, 1컵=200ml, 1홉=180ml

○ 특별한 표기가 없으면 설탕은 백설탕, 소금은 천연소금, 간장은 진간장, 된장은 장기 숙성된 시골 된장, 술은 청주, 미림은 본미림(맛술), 버터는 가염, 달걀은 대란을 사용한다.

○ 재료 표의 그램 수는 쓰지 않는 부분(껍질이나 씨, 심지, 힘줄 등)을 포함한다.

○ '육수'는 특별히 표기가 없으면 다시마와 가다랑어포로 우린 국물이다. 시중에 파는 육수 원액을 사용할 때는 염분이 들어가 있기 때문에 전체적으로 소금의 양이나 맛을 조절해야 한다.

○ 전자레인지 가열 시간은 600W를 기준으로 한다. 집에 있는 전자레인지가 500W일 때는 가열 시간을 1.2배 늘리면 된다. 기종에 따라 다를 수도 있다.

이름의 유래나 맛, 노자키 스타일에 대한 생각, 전에 나온 요리책과는 다른 방법을 해
설하는 등 그 요리에 대한 설명이 간결하게 정리되어 있다.

두반장과 참기름으로 맛을 낸

단호박 조림

단호박 조림(난반니)은 달고 포근하게 조린 전분질이 맛있는 요리다. 하지만 전분질 때문에 너무 익히면 모양이 망가진다. 따라서 국물
에 술을 듬뿍 사용해 빨리 증발시켜 불필요한 수분을 남기지 않는 것이 중요하다. 단호박이 겹치지 않게 냄비에 넣고 작은 뚜껑을 덮
어 강불로 단숨에 마무리하는 것이 포인트다.

재료(3~4인분)

단호박 300g

국물
물 100㎖
술 130㎖
설탕 3큰술
미림 2작은술
국간장 1작은술보다 약간 답게
두반장·참기름 각 1작은술

요리를 만들기 위한 재
료표다. 다른 재료로
대체할 수 있는 재료가
있으면 표시했다.

1인분
107kcal
염분 0.4g

그 요리의 에너지양과
염분량을 표시했다.

요리 팁

단호박 조림에 육수는 필요 없고
물이면 충분하다. 호박의 풍미만
으로 맛있기 때문이다. 참기름이나
두반장을 사용하여 맛이 잘 정돈되
었다. 단 것을 싫어하는 사람들도
좋아할 만한 맛이다. 작은 뚜껑을
덮으면 적은 국물로도 구석구석 맛
이 밴다.

만드는 법을 해설했다.
특히 중요한 부분은 다
른 색으로 강조했다.

1 단호박은 속과 씨를 판후 3×4
cm로 네모나게 썬다. 두께가 같도
록 몸통 쪽은 평평하게 깎는다. 깎
아낸 부분은 된장국 등에 사용한
다. 껍질을 몇 군데 깎아서 잘 익
을 수 있게 한다.

2 모서리 부분도 깎아서 모양을
손질한다.

3 냄비에 잘 익지 않는 껍질 면
을 아래로 하여 겹치지 않도록 나
란히 놓는다. 국물 재료를 합쳐서
붓는다.

4 작은 뚜껑을 덮고 강불로 끓여
국물이 끓어오르는 상태에서 조
린다.

5 국물이 거의 없어지고 어느 정
도 익으면 뚜껑을 빼고 수분을 날
린다. 냄비를 흔들면서 국물이 섞
여 윤기가 흐를 때까지 조린다.

6 물기가 없어지고, 단호박이 꼬
치가 들어갈 정도로 부드러워지고
폭신하게 익으면 완성이다.

- 158 -

노자키 요리장이 여러분에게 전하는 팁이다. 요리의 비결이나 응용 범위
를 넓힐 아이디어가 꽉 차 있다.

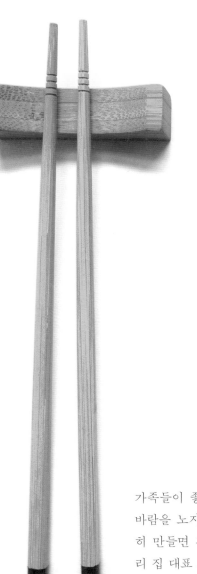

제1장

인기 일상 요리

제대로 잘 만들고 싶은

가족들이 좋아하는 요리는 특별히 더 맛있게 만들고 싶다. 그런 바람을 노자키 요리장이 이루어주었다. 친절한 설명을 따라 찬찬히 만들면 확실하게 맛을 낼 수 있다. 자꾸자꾸 만들고 싶은 우리 집 대표 요리가 될 것이다.

속에서 흘러나오는 고기의 풍미가 듬뿍

일본식 닭 튀김

닭 속까지 익히면서 부드럽고 육즙이 풍부하게 만들려면 두 번 튀겨서 '남은 열로 가열하는 것'이 중요하다. 다른 고기나 어패류를 튀길 때도 마찬가지다. 처음에 튀기는 것은 남은 열을 만들기 위해, 두 번째에 튀기는 것은 겉에 남은 수분을 날리기 위해서다. 한 번 튀겼을 때 수분이 조금 남아 있어도 걱정할 것 없다. 속까지 익히기 위해 오래 튀기면 수분이 빠져 딱딱해지므로 주의해야 한다.

1인분
482kcal
염분 1.6g

재료(2인분)

닭 가슴살 1장

밑간
   국간장 2큰술
   술 1큰술
   다진 생강 ½작은술
   다진 마늘 ½작은술

박력분·식용유 각 적당량
양상추(채 썰어서)·**상추** 각 정당량
레몬(반달 모양) 적당량

※대용 → 튀김옷으로 쓰는 박력분을 전분으로
바꾸면 식감이 바삭하고 부드러워진다.

요리 팁

흔히 닭고기를 오랜 시간 재워 간이
배도록 하는데, 사실 손으로 버무리는
것이 더 효과적이다. 이렇게 하면 시
간이 짧아도 충분하다. 또한 첫 번째
튀길 때 기름 온도 170℃는 닭고기를
넣어도 기름 튀는 소리가 귀에 꽂히지
않을 정도고, 두 번째 튀길 때 180℃
는 닭고기에서 거품이 퍼져 나올 정도
다. 그리고 가볍게 바삭 마무리하려면
튀김옷을 얇게 묻히는 것이 중요하다.
고기 겉면에 있던 수분을 말끔히 없앤
다음 솔로 가루를 묻히고 필요 없는
가루는 털어 내자.

1 닭고기는 한 입 크기로 썬다. 밑간 재료
를 믹싱볼에 담고 닭고기를 넣어 손으로 조
물조물 꼼꼼하게 버무린다.

2 양손, 또는 키친타월로 즙을 꼭 짠다.

3 솔로 박력분을 얇게 펴 바른다.

4 식용유를 170℃로 가열하여 3을 넣고 2
분 정도 튀긴다.

5 튀김 뜰채로 건져 올려 3분 정도 가만히
두어서 남은 열로 속까지 익힌다.

6 기름 온도를 180℃로 올려 5를 넣는다.
꺼낼 때 닭고기 끝부분을 10초 정도 기름
표면에 댄다. 그러면 닭고기 겉면에 남은 기
름이 아래로 떨어져 바삭하게 마무리된다.

7 접시에 상추를 깔고 채 썬 양상추와 6을
담은 뒤 레몬을 곁들인다.

기본 중에 기본 메뉴에도 채소를 살려서

일본식 햄버그스테이크

한 입 먹으면 폭신폭신한 고기가 흩어지면서 입안 가득 퍼지는 풍미가 이상적이고 맛있는 햄버그스테이크다. 그렇게 만들려면 다진 소고기를 100% 사용하고 섞을 때 반죽에 공기를 넣는 것이 중요하다. 그리고 햄버그스테이크를 만들 때 흔히 하는 '공기 빼기'는 하지 않고 겉면을 가볍게 구운 다음 뚜껑을 덮어 천천히 부드럽게 가열해야 한다. 이렇게만 해도 놀랄 정도로 맛있어진다.

1인분
389kcal
염분 1.7g

재료(2인분)

햄버그 반죽
  다진 소고기 200g
  식빵 ½장
  달걀 1개
  양파(잘게 다져서) 70g
  자소(채 썰어서) 10장
  다진 생강 1큰술
  간장 2큰술
  후추 약간

식용유 1큰술

곁들일 채소
  꼬투리 강낭콩 7개
  시금치 1장
  간 무(즙을 짜서) 50g

소스 취향대로 적당량
소금 약간

※대용 → 자소나 생강은 대파 등 다른 채소로

1 믹싱볼에 식빵을 손으로 찢어서 넣은 다음 햄버그 반죽 재료를 모두 더해 공기가 들어가도록 섞는다.

2 4등분하여 둥그런 모양으로 빚는다.

3 프라이팬에 식용유를 두르고 강불로 2의 양면을 굽는다. 나오는 기름과 찌꺼기를 키친타월로 닦아내고 약불로 내린 다음 뚜껑을 덮어 3분 정도 익힌다.

4 꼬투리 강낭콩은 소금을 넣고 데쳐서 반으로 썬다. 시금치는 데쳐서 한 입 크기로 썬 후 간 무와 함께 무친다.

5 햄버그를 그릇에 담고 채소를 곁들인 다음 소스를 뿌린다.

요리 팁

고기의 맛은 풍부한 육즙에 있다. 여기서는 속까지 완전히 익히지 않아도 되도록 소고기를 사용했지만 돼지고기를 섞어도 좋다. 그때는 다진 고기의 절반을 체망에 넣어 뜨거운 물에 살짝 담가 익힌 다음, 나머지 반죽 재료와 섞는다. 이렇게 하면 절반은 익은 상태기 때문에 짧은 시간에도 속까지 꼼꼼하게 익어 육즙이 빠져나가지 않는다.

소스는 특제 단풍 간장으로

우스터소스나 케첩 등 취향에 맞는 소스를 써도 되지만, 자소나 생강이 들어간 일본식 햄버그스테이크에는 깔끔하고 담백한 소스가 잘 어울린다. 채소를 베이스로 한 붉은색 '단풍 간장'을 소개한다(만들기 쉬운 분량). 토마토 200g은 뜨거운 물에 넣어 주름이 지면 바로 찬물에 담가 껍질을 벗기고 작게 깍둑 썬다. 당근 100g은 한 입 크기로 썰고 물에 잠길랑말랑한 상태에서 부드럽게 끓여 익힌다. 냄비에 간장 6큰술, 미림 3큰술, 토마토, 당근을 넣고 재빨리 끓여 푸드 프로세서에 간다.

산뜻한 향과 자극이 식욕을 돋운다

돼지고기 생강 구이

원래는 생강 간장에 재운 다음 굽는 방법이 많이 알려져 있는 요리다. 그러나 고기의 맛과 생강의 향을 모두 살리려면 고기가 적당히 구워졌을 때 생강 간장을 재빠르게 두르는 것을 추천한다. 여기서는 생강 간장용 얇은 고기를 사용하는 방법을 중심으로 소개하겠다. 짧은 시간에 가열하여 부드럽게 굽는 것이 포인트다.

1인분
370kcal
염분 1.4g

생강 구이용 돼지고기(목살 혹은 등심,
　얇고 넓게 슬라이스한 것) 200g

밑간 재료
　술 2큰술
　미림 2큰술
　간장 2큰술
　간 생강 1작은술

식용유 1큰술
양배추(채 썰어서) 적당량
레몬(반달 모양, 8등분) 2조각

1 믹싱볼에 밑간 재료를 넣어 섞고 고기를
넣어 손으로 버무린 다음 즙을 꼭 짠다.

2 프라이팬에 식용유를 두르고 달군 후 돼
지고기를 펼쳐서 넣고 강불로 재빠르게 양
면을 굽는다.

3 노릇노릇해지면 1의 밑간 재료를 고기에
둘러 배게 한 다음 바로 불을 끈다. 그릇에
양배추, 레몬과 함께 담는다.

요리 팁

얇은 돼지고기는 무조건 짧은 시간에
재빠르게 굽는 것이 맛의 비결이다.
그러려면 수분이 많으면 안된다. 물기
가 날아가는 데 시간이 걸려서 그 동
안 고기가 너무 익어 풍미가 날아가고
딱딱해진다. 밑간을 버무린 후 즙을
꼭 짜는 것이 포인트다.

씹는 맛을 살리려면 두꺼운 고기를

재료(2인분)

두꺼운 돼지 등심(100g) 2장　　　소스
소금 약간　　　　　　　　　　　　술 2큰술
생강 1작은 조각　　　　　　　　　미림 2큰술
식용유 1큰술　　　　　　　　　　간장 2큰술

고기는 고기와 지방 사이의 힘줄을 썬다. 소금을 치고 15분 정도 둔 다음 물로 씻어서 털어낸
다. 프라이팬에 식용유를 두르고 고기 두께의 절반 정도 색깔이 변하면 뒤집어서 소스를 넣는
다. 끓어오르면 생강을 갈면서 추가하고 소스와 재빨리 섞은 다음 고기를 꺼낸다. 소스를 졸인
다음 고기를 다시 넣고 섞는다. 고기의 맛을 충분히 느끼고 싶다면 두꺼운 고기가 좋다. 낮은
온도일 때부터 천천히 가열하여 부드럽고 육즙이 많이 나도록 굽자.

생선의 풍미를 심플하게 맛볼 수 있는

방어 소금 구이

평소에 먹던 소금 구이가 심심하다고 느껴질 때가 있지 않은가? 꼭 굽기 전에 소금을 치고 20분 동안 두기 바란다. 이 작업을 하면 잡내나 여분의 수분이 흘러나와 생선의 가장 맛있는 부분만 돋보이게 된다. 나아가 겉면을 물로 씻으면 여분의 염분도 빠지고 적당하게 소금 맛이 남기 때문에 간장이 필요 없다.

1인분
253kcal
염분 0.7g

재료(2인분)

방어 2토막
간 무* 적당량
영귤(절반) 2개
소금 1작은술
식용유 약간

*체망에 넣어 물을 살짝 흐르게 한 후 물기를 가볍게 짜 둔다.

※대용 → 방어 대신 다른 생선을 써도 좋다.

요리 팁

요즘에는 슈퍼에서 파는 생선도 신선도와 질이 좋아지고 있다. 그러나 소금을 뿌리는 준비 작업은 잊지 말아야 한다. 그때는 솔솔 뿌릴 수 있는 소금을 사용하자. 뿌리기 쉬운 데다가 균일하게 뿌릴 수 있으며 생선에 빨리 배어든다.

생선을 구울 때 중요한 작업

생선 그릴이나 구이망을 써서 구울 때 두 가지 포인트를 기억하자. 하나는 미리 망에 식용유를 발라 두는 것, 다른 하나는 망이나 그릴 안을 충분히 달군 다음 생선을 올리는 것이다. 이렇게 하면 살이 망에 달라붙지 않고 깔끔하게 떨어진다.

1 방어 양쪽 면에 꼼꼼하게 소금을 뿌리고 20~30분 동안 둔다. 소금은 2토막에 1작은술 정도가 적당하다.

2 1을 물로 씻은 다음 키친타월로 물기를 닦는다. 이렇게 하면 겉면의 소금과 비린내가 있는 수분이 빠지고 풍미가 살아난다.

3 구이망에 식용유를 바르고 그릴을 달군다. 충분히 뜨거워지면 2를 망에 올린다. 이때 그릇에 담을 때 위에 올 부분을 위로 하여 망에 올린다.

4 중불로 6~7분, 양면을 바싹 굽는다. 타기 시작한 부분은 알루미늄포일로 덮어 익힌다.

5 그릇에 담아 간 무와 영귤을 곁들인다.

흰 쌀밥이 술술 넘어가는 단 맛과 매운 맛의 조화

방어 팬 데리야키

가정식의 기본인 데리야키를 가볍게 재빨리 만들려면 프라이팬이 편리하다. 방어 겉면을 굽고 소스를 넣어 조리는 것이 전부다. 소스 배합은 술 6, 미림 6, 간장 1이다. 듬뿍 넣은 술이 증발하여 빨리 조려지기 때문에 가열 시간이 짧으며 딱딱하지 않고 부드럽게 마무리할 수 있다.

1인분
467kcal
염분 1.4g

재료(2인분)

방어 2토막
꽈리고추 4개
박력분 약간
식용유 1큰술

소스
　술 90ml
　미림 90ml
　간장 1큰술

요리 팁

데리야키는 소금 구이와 달리 미리 소금을 치지 않는다. 겉면에 진한 소스를 입혀 막을 만들고 그 염분으로 먹어야 적당히 맛있기 때문이다.

술을 사용하는 비법

미리 끓여 알코올을 날린 술(니키리자케)을 요리에 쓸 때가 있다. 이 끓인 술은 무침처럼 가열하지 않고 그대로 먹는 음식에 쓴다. 데리야키나 조림 등 가열하는 음식에는 끓이지 않고 그대로 사용한다. 알코올이 증발할 때 생선이나 고기의 잡내를 같이 날려주기 때문에 깔끔하고 고급스러운 맛을 낼 수 있다.

1 방어는 술을 써서 박력분을 얇게 펴 바른다.

2 프라이팬에 식용유를 두르고 달군 후 1을 넣고 강불로 양면을 굽는다. 노릇노릇 색이 입혀지면 키친타월로 나머지 기름과 찌꺼기를 닦는다.

3 소스 재료를 넣는다. 처음에는 불을 조금 약하게 하고, 끓기 시작하면 강불로 프라이팬을 달궈 알코올을 날린다. 강불 상태에서 소스를 조린다.

4 국물이 졸면 꽈리고추를 넣고 프라이팬을 돌려가며 소스를 입혀 윤기가 나도록 끓인다.

맛있는 된장으로 은은하게 조린

고등어 된장 조림

옛날에는 진하고 단 맛이 강한 국물로 조림을 했다. 그것은 유통이 좋지 않아 고등어에 비린내가 심했던 시절의 이야기다. 지금은 신선한 고등어를 구할 수 있기 때문에 된장의 향만 살짝 입히는 느낌으로 가볍게 조리자. 작은 냄비를 써서 고등어에 국물을 완전히 입히는 것이 중요하다. 이렇게 하면 열이 균일하고 빠르게 가해지기 때문에 고등어의 풍미가 달아나지 않게 조릴 수 있다.

1인분
207kcal
염분 2.2g

재료(2인분)

고등어 2토막
생강(편으로 썰어서) 1조각
소금 1작은술
식초 1작은술

국물
　술 $\frac{1}{2}$컵
　물 $\frac{1}{2}$컵
　설탕 $1\frac{1}{2}$큰술
　된장 20g
　대파 푸른 부분 적당량

1 고등어는 껍질에 십자 모양으로 칼집을 낸 후 양면에 소금을 쳐서 20~30분간 둔다. 뜨거운 물에 잠깐 담근 후 얼음물로 옮겨 찌꺼기 등을 없애고 물기를 닦는다.

2 작은 냄비에 술, 물, 설탕을 붓고 1과 대파를 넣은 후 강불로 끓인다. 끓기 시작하면 거품을 걷어내고 중불로 줄인 다음 된장 절반을 녹여 넣고 펄펄 끓인다.

3 국물이 어느 정도 졸면 남은 된장을 녹여 넣고 걸쭉한 느낌이 나면 편 썬 생강을 넣고 더 끓인다.

4 더 걸쭉해지면 식초를 두르고 한소끔 끓여 완성한다.

요리 팁

생강은 끓어오르기 전에 넣어야 상쾌한 풍미를 그대로 살릴 수 있다. 생강 덕분에 국물도 살짝 걸쭉해져 국물이 고등어에 잘 밴다.

또한 마무리할 때 식초(양조 식초)를 두르는 이유는 신맛을 더하고 싶기 때문이 아니다. 알코올 성분이 날아가고 식초의 풍미만 남아서 국물의 맛이 부드러워지기 때문이다. 게다가 전체적으로 맛이 깔끔하고 고급스러워진다.

된장 이야기

일본의 가정요리에는 된장국, 된장 조림, 된장 절임 등 된장을 쓰는 요리가 많다. 된장은 맛이 강한 '다시' 같은 것이다. 맛을 좌우하는 키포인트기 때문에 장기 숙성한 맛있는 콩된장을 꼭 쓰기 바란다. 된장 조림처럼 가열할 때는 처음에 절반만, 나머지는 다 되기 바로 전에 넣어 향도 살리자.

연근으로 폭신폭신한 식감을 살린

고기 완자 조림

고기 완자는 고기와 고기가 서로 뭉쳐 있어 딱딱해지기 쉽다. 의외로 먹기 어려운 음식이다. 그래서 연근을 갈아서 같이 반죽한다. 연근에 들어 있는 매끄러운 식감의 전분은 고기를 연결해주는 역할을 할 뿐만 아니라, 맛이 삼삼하기 때문에 돼지고기의 맛을 방해하지 않는다. 고기 완자가 깜짝 놀랄 만큼 폭신폭신해진다. 그리고 국물은 물+술 6, 미림 6, 간장 1이다. 달짝지근하고 맛있는 반찬이 된다.

1인분
387kcal
염분 2.8g

재료(2인분)

고기 완자
　돼지고기와 소고기(섞어 저며서)　150g
　연근(갈아서)　70g
　달걀　1개
　전분　1큰술
　국간장　1작은술

국물
　미림　6큰술
　술　3큰술
　물　3큰술
　간장　1큰술

전분　1작은술
식용유　적당량
연겨자　약간

요리 팁

튀긴 후 뜨거운 물에 담그는 과정을 거치기만 해도 국물이 배기 쉽고 맛이 깔끔해진다.

달짝지근한 국물이 잘 배어들기 때문에 밥과 잘 어울린다. 연근이 들어갔기 때문에 식어도 잘 딱딱해지지 않아 도시락 반찬으로도 좋다.

1　믹싱볼에 다진 고기와 간 연근을 넣고 가볍게 무쳐 전체적으로 섞는다.

2　달걀, 전분, 국간장을 넣고 손가락을 세워 공기가 들어가도록 섞는다.

3　반죽을 엄지와 검지 사이에 한 입 크기로 동그랗게 비어져 나오도록 해서 숟가락으로 떼어낸다.

4　식용유를 170℃로 가열하여 고기 완자를 넣고 속까지 꼼꼼히 익히면서 노릇하게 튀긴다. 뜨거운 물에 잠깐 담가 기름기를 뺀 후 물기를 없앤다.

5　냄비에 국물 재료와 4를 넣고 강불로 조린다.

6　국물이 졸아들면 같은 양의 물에 녹인 전분을 추가해서 주걱으로 휘릭 섞어 걸쭉하게 한다.

7　냄비를 돌리면서 완자에 국물을 입힌다. 그릇에 담고 연겨자를 곁들인다.

재료를 미리 삶아서 담백하고 고급스러운

돼지고기 감자 조림

가정요리 인기 반찬 중에 가장 기본이다. 여기서는 채소를 끓인 다음 고기를 넣어 각 재료의 풍미를 느낄 수 있는 방법을 소개하겠다.
술을 듬뿍 사용해 단숨에 끓이기 때문에 감자가 파근파근해진다.
일반적으로는 식용유로 재료를 볶은 다음 국물을 더해 끓일 때가 많다. 이 방법은 맛이 혼연일체가 되고 냄비 하나로 만들 수 있어
간편하지만, 재료 하나하나의 풍미는 살리지 못한다. 또한 조미료가 많이 필요하기 때문에 맛이 진해진다.

1인분
549kcal
염분 3.0g

재료(2인분)

돼지고기 등심 덩어리 200g
감자 2개
당근 80g
실곤약 80g
꼬투리 완두콩(소금에 데쳐서) 4~5개
대파 초록 부분 적당량
물 1½컵
술 ½컵
설탕 5큰술
간장 3큰술

※대용 → 돼지고기 등심 덩어리는 얇게 썬 돼지고기로 대체 가능하다. 이때는 미리 뜨거운 물에 잠깐 담갔다가 마무리할 때 넣고 잽싸게 익힌다.

요리 팁

작은 뚜껑으로 꼭 덮기 바란다. 강불로 끓이면 작은 뚜껑에 국물이 닿아 국물이 골고루 퍼지기 때문에 구석구석 맛이 밴다.

생각보다 짧은 시간에 만들 수 있는 이유는 국물에 술을 넣기 때문이다. 강불로 끓이면 술이 서서히 증발하면서 고기에 풍미가 확실히 입혀지는 사이에 국물이 좋아든다. 그런데 물로 하면 물이 쉽게 증발하지 않아 재료의 풍미가 모두 국물로 빠져나가기 때문에 고기 맛이 심심해진다.

1 돼지고기는 한 입 크기로 썬다. 감자와 당근은 껍질을 벗겨 한 입 크기로 썰고 실곤약은 4㎝ 길이로 자른다.

2 체망에 1을 넣고 뜨거운 물을 부은 후 고기가 희끄무레해지면 망째로 찬물에 담근다. 물기를 뺀다.

3 냄비에 감자, 당근, 실곤약을 넣는다. 물, 술, 설탕을 더하고 작은 뚜껑을 덮어 강불에 끓인다. 끓어오르면 대파 초록 부분을 넣고 국물이 절반 정도로 졸면 뚜껑을 빼고 고기를 넣는다. 간장을 두 번에 걸쳐 더하고 중간에 대파는 뺀다.

4 강불 그대로 국물이 거의 없어질 정도까지 끓인다. 중간에 냄비를 기울이거나 흔들면 좋다. 접시에 담고 꼬투리 완두콩을 놓는다.

돼지고기 고구마 조림

재료(2인분)

돼지 통삼겹살 150g
고구마 120g
연근 70g
당근 60g
곤약 ½장

물 1½컵
술 ½컵
설탕 5큰술
간장 3큰술
꼬투리 강낭콩(소금에 데쳐서) 적당량

고구마와 돼지 삼겹살로 만들기 때문에 달짝지근하고 진한 맛을 느낄 수 있다. 위 재료로 돼지고기 감자 조림과 똑같이 만든다.

아이도 어른도 좋아하는 진리의 메뉴

돈가스

튀김옷이 너무 딱딱하지 않고 고기가 속까지 익었으면서도 육즙이 풍부한 돈가스. 이것이 이상적인 돈가스의 모습이다. 가정에서는 튀기는 시간을 짧게 줄여 만들 수 있다. 그래서 고기의 두께는 돈가스 전문점보다 약간 더 얇은 5㎜ 정도를 추천한다. 빵가루도 가정에서 만들면 좋다. 크기도 너무 균일해지지 않기 때문에 훨씬 더 맛있다.

1인분
415kcal
염분 2.2g

재료(2인분)

돼지고기 등심(두께 5㎜) 4장
양배추 적당량
소금·후추 약간씩
식빵 3장
박력분·계란(풀어서) 각각 적당량
식용유 적당량
붉은 생강 초절임·연겨자 각각 적당량
소스 적당히, 취향대로

요리 팁

돼지고기에 달걀과 빵가루를 묻힐 때
손을 사용하면 양손이 모두 지저분해
지고 젓가락을 사용하면 젓가락을 댄
부분의 튀김옷이 벗겨질 수 있다. 꼬치
를 사용하면 아주 편리하다. 푹 꽂아서
들기만 하면 된다. 아주 간단하다.

그리고 튀긴 후 건져 올릴 때 지방 쪽
을 기름 면에 대는데, 지방은 더 익혀
도 맛이 변하지 않기 때문이다. 살코
기 부분은 과하게 익히지 않도록 주의
한다.

1 빵가루를 만든다. 식빵 가장자리를 잘라
내고 뭉텅뭉텅 찢어서 바람이 잘 통하는 곳
에 10분 정도 둔다. 반 정도 말라 약간 딱딱
해지면 손바닥으로 비벼 부드럽게 푼다.

2 양배추는 몇 장을 겹쳐서 돌돌 말아 잎맥
과 수직으로 최대한 가늘게 채 썬다. 섬유가
끊어져 부드러워지고 식감도 좋아진다.

3 돼지고기는 힘줄을 자르고 소금, 후추를
뿌린 후 박력분을 솔로 골고루 묻힌다.

4 한 면을 계란물에 담근 후 꼬치로 꽂아
뒤집어 뒷면까지 골고루 묻힌다.

5 꼬치로 들어 올려 빵가루 접시에 넣고
빵가루를 가볍게 묻힌다.

6 식용유를 170℃로 가열하여 5를 넣고
겉면이 노릇한 색으로 익으면 젓가락으로
들어 올린다. 고기 지방 쪽을 10초 정도 기
름 면에 대서 기름을 뺀다. 먹기 편한 크기
로 썬다. 접시에 양배추와 같이 담고 붉은
생강 초절임과 연겨자, 소스를 곁들인다.

돈가스 소스

재료(2인분)

화이트소스		우스터소스 150㎖	국간장 25㎖
버터 20g		플레인 요거트 100g	식초 25㎖
박력분 20g		토마토케첩 75g	
우유 한 컵			

버터와 박력분을 섞어 끓이다가 우유를 넣어 화이트소스를 만든다. 여기에 나머지 재료를 섞는다.

푹 끓이지 않는 노자키 스타일의

깍둑 카레

입에 넣었을 때 채소도 고기도 모두 각자의 풍미가 살아 있는 카레를 만들고 싶다면, 카레 상식을 뒤엎어서 재료를 푹 끓이지 않고 만든다. 채소는 잘 익는 것으로 고르고, 고기는 미리 한 번 삶아서 카레가 다 되었을 때 넣어 짧게 끓이기만 하면 된다. 유분이 없고 맛이 깔끔하기 때문에 나이 드신 분들 입맛에도 잘 맞는다.

1인분
708kcal
염분 2.9g

재료(4인분)

따뜻한 밥 4인분
소 뒷다리 허벅다리살(도가니살, 얇게 썰어서) 200g
감자 2개
양파 1개
파프리카(빨강·노랑·초록) 각각 1개
양배추 100g
식용유 3큰술

카레 소스
　카레 가루 2큰술
　박력분 50g
　식용유 2큰술
　다진 마늘 2쪽
　다진 생강 1쪽
　토마토주스(식염 미사용) 2½컵
　물 2½컵
　간장 80~90㎖
　미림 2큰술

요리 팁

푸드 프로세서가 있다면 간단하게 만들 수 있다. 과정 3번에서 박력분과 카레 가루를 대충 섞었으면 푸드 프로세서에 돌려 곱게 간 다음 토마토주스나 재료를 넣고 또 돌린다. 이렇게 과정 4번까지가 끝나기 때문에 5번으로 넘어가 볶은 채소에 넣으면 된다. 이렇게 하면 덩어리가 생기지 않는다.

또한 양파는 바깥쪽과 안쪽 길이가 달라 똑같은 크기로 썰기가 어렵다. 우선 두께가 1.5㎝가 되도록 양파를 가로로 썰어 고리 모양이 된 양파를 떼서 각각 1.5㎝ 폭으로 썰면 간단하고 빠르게 손질할 수 있다.

1 소고기는 65℃ 정도 물에 잠깐 담근 후 찬물로 옮겨 물기를 제거한다. 한 입 크기로 썬다.

2 감자, 양파, 파프리카는 1.5㎝로 깍둑 썬다. 양배추는 3㎝로 네모나게 썰고 살짝 데친 후 물기를 제거한다.

3 카레 소스를 만든다. 프라이팬에 식용유를 넣어 달군 후 마늘과 생강을 잘 볶는다. 카레 가루를 뿌려서 섞고 배어들면 박력분을 조금씩 뿌려서 넣고 섞는다. 주걱으로 프라이팬에 누르듯이 볶으면 좋다.

4 토마토주스를 물과 섞어 조금씩 부으면서 카레 가루를 잘 푼다. 이 과정을 반복하여 가루가 전부 풀어지면 나머지 주스를 한꺼번에 다 붓고 간장과 미림을 넣는다.

5 냄비에 식용유를 두르고 감자를 볶다가 절반 정도 익으면 양파를 넣어 같이 볶고, 그 후 4를 넣어 끓인다.

6 감자가 익으면 소고기와 파프리카를 넣고 1분 더 끓인다. 그릇에 밥을 담고 양배추를 곁들여 카레를 올린다.

육수 우리는 법과 활용술

'육수'란 재료의 맛을 내는 것이다. 보통 다시마와 가다랑어포로 내는 육수를 '다시'라고 부르는데, 이게 다가 아니다. 고기, 건어물, 말린 재료, 나아가 채소로도 맛있는 '육수'를 우려낼 수 있다. 그 사실을 기억하고 자유자재로 사용할 줄 알면 요리가 간편해지고 활용 폭도 넓어진다.

°육수에 대하여

일식의 기본은 육수(다시)에서 시작한다.

특히 다시마와 가다랑어포로 우린 육수를 일반적인 '다시'라고 한다. 그중에서 최고의 맛과 향을 우려낸 '이치반다시(일번다시라고도 하며 첫 번째라는 뜻)'는 맑은 국이나 기품 있는 조림요리에, '니반다시(두 번째 다시라는 뜻)'는 그 밖에 간을 하는 식재료나 간장이 많이 들어가는 조림, 된장국 등의 기본이 된다. 즉, 주로 '국물' 자체의 풍미를 느낄 수 있는 맑은 국이나 본연의 맛이 약한 재료에 간을 할 때 사용한다.

한편으로 본연의 맛이 강한 재료를 사용할 때는 이 '육수'가 오히려 방해가 될 때도 있다. 예를 들어, 도미 조림이 그렇다. 도미의 맛을 느끼고 싶다면 가다랑어포의 풍미는 필요 없다. 따라서 도미 본연의 맛을 그대로 느끼게 해 줄 물로 조려야 한다.

또한 육수는 고기나 생선, 채소, 마른 재료 등 다양한 재료에서 우릴 수 있다. 재료에 따라 우릴 때 온도도 다르다. 다시마는 저온부터 80℃ 정도에서 우리는 것이 좋다. 다시마를 물에 담그고 하룻밤 재워 두기만 해도 또렷하게 풍미가 도는 것은 그런 이유 때문이다. 가다랑어포는 75~90℃가 좋고, 닭고기는 80℃에서 육수를 낼 때 군맛이 없이 최고의 맛이 나온다.

°담백하고 맛있는 육수 우리는 법

다시마와 가다랑어포로 맛있는 육수를 우리는 비결은 먼저 좋은 재료에 있다. 아무리 고급스러운 리시리 다시마(천연 다시마로 유명하며 폭이 좁고 얇다)나 라우스 다시마(일본에서 최고급이라는 천연 다시마)라도 육수를 한 번 우려내는 데 드는 비용은 고작 50엔 정도다. 페트병에 든 차를 산다고 생각하면 싼 편이다. 게다가 '이치반다시를 우린다→니반다시에 사용한다→육수 재료를 먹는다' 이렇게 3단계로 활용할 수 있어 버리지 않고 남김없이 쓸 수 있다. 멸치로도 응용할 수 있다.

기준 온도를 알자

가다랑어포에서는 65℃부터 육수가 우려지지만 간이 잘 배고 기품 있는 육수는 75~90℃에서 우려진다. 특히 80℃가 최적의 온도다. 90℃ 이상으로 올라가면 알싸한 맛이 나온다. 그래서 눈으로 보고 판단할 수 있는 기준을 소개하려고 한다.

65~75℃ ▶▶가다랑어포가 냄비 바닥에 가라앉는다. ▶▶온도가 약간 낮아서 육수가 나올 때까지 시간이 걸린다.

75~90℃ ▶▶가다랑어포가 냄비 바닥에 가라앉지 않고 중앙에서 이리저리 돌아다닌다.▶▶적당한 온도.

90℃ 이상▶▶가다랑어포가 춤을 추듯 흔들린다. ▶▶온도가 높다. 찬물을 끼얹어 온도를 살짝 낮춰야 한다.

육수 재료 3단 활용

	멸치	다시마와 가다랑어포
첫 번째	 물 1ℓ에 멸치 20g을 담그고 상온에 3시간 이상 둔 후 거른 것이 이치반다시다. [용도] 우동 국물, 조림	 물 1ℓ, 다시마 5g을 냄비에 넣고 중불로 가열한다. 기포가 가볍게 생겨 80℃가 되면 가다랑어포 15g을 넣고 불을 끈 후 1분간 둔 후 거른다. [용도] 맑은 국의 베이스
두 번째	 거르고 남은 멸치와 물 1ℓ, 8㎝짜리 국물용 다시마를 냄비에 넣고 가열해 끓어오른 후 거른 것이 니반다시다. [용도] 된장국, 뿌리 채소 조림	 거르고 남은 다시마와 가다랑어포에 90℃ 뜨거운 물 500㎖를 붓고 5분 이상 둔다. 거르면 니반다시가 된다. [용도] 된장국, 조림, 계란말이
세 번째	 멸치를 프라이팬에 넣고 바짝 볶는다. [용도] 그대로 간식으로 먹어도 좋고, 사진처럼 표고버섯이나 대파 등과 함께 볶아 된장으로 간을 하여 반찬으로 먹어도 좋다.	 가다랑어포, 다시마를 잘게 썰어서 폰즈에 담가 조미료로 쓴다. [용도] 데친 푸성귀와 무치거나 볶음밥 등에 간을 할 때 사용한다.

°어떤 재료로든 육수를 우릴 수 있다

닭다리살

닭고기 육수는 한 입에 풍미가 느껴질 정도로 맛이 강하지는 않지만 몸에 찬찬히 전해지는 깊은 맛이 있다. 채소나 고기와 잘 어울리기 때문에 여기저기 사용할 수 있으며 소금을 조금만 더해도 풍미가 확 살아나는 것이 특징이다.

담백하고 깔끔하게 육수를 우리려면 두 가지를 알아두자. 첫 번째로는 닭고기의 잡내를 제거해야 한다. 뜨거운 물에 닭고기를 잠깐 담갔다가 찬물에 넣어 찌꺼기를 말끔히 제거하자. 두 번째로는 물을 끓어오르게 하지 않고 낮은 온도에서 우려야 한다. 이 두 가지만 잘해도 담백한 육수를 우릴 수 있을 뿐 아니라, 육수를 우려낸 후 남은 고기도 부드럽고 맛이 좋다.

고기는 샐러드나 소면에 곁들여 먹으면 된다(아래 사진). 손으로 찢으면 고기의 근육이 풀어지고 맛도 잘 배어들어 맛있다.

◉ 닭고기 육수 우리는 법

재료(만들기 편한 양)

닭다리살 1장(300g)　　　　　**국물용 다시마** 8cm 조각 1장　　　　　**물** 1ℓ

1 닭고기를 뜨거운 물에 넣고 겉면이 희끄무레해지면 찬물에 담근다. 찌꺼기나 여분의 지방을 제거한다.

2 냄비에 물과 닭고기, 다시마를 넣고 중불로 국물 표면이 움직이지 않고 수증기가 조용히 올라오는 정도(80℃)에서 25분 동안 뭉근하게 끓인다.

3 닭고기를 꺼내 육수와 분리한다. 그리고 젖은 행주를 씌워 열을 식힌다.

[용도] 소금으로 간을 해서 스프로, 라면 국물, 죽 국물, 채소 조림 국물 등으로.

말린 생선

전갱이나 고등어, 꼬치고기 등 소금을 쳐서 말린 생선은 수분이 날아가 생선의 맛이 응축되어 있는데다가 먹었을 때 간이 딱 알맞게 되어 있다. 따라서 말린 생선을 구워 물에 넣고 끓이기만 해도 재료나 육수, 조미료 등 다용도로 쓸 수 있다. 채소를 넣으면 냄비 하나로 아주 간단히 깊은 풍미가 배어 있는 조림이 된다.

◉ 뼈 육수(고쓰유)

말린 생선을 구우면 즉석에서 맑은 국을 만들 수 있다. 말린 생선을 구워 사발에 담고 뜨거운 물을 부어 대파 흰 부분과 뿌리 파드득나물을 곁들여 아주 잠깐 그대로 둔다. 이렇게만 해도 말린 생선의 살이나 뼈에서 맛있는 국물과 짠 맛이 적당하게 나온다. 다 먹은 말린 생선 뼈에 뜨거운 물을 부어놓기만 해도 은은한 육수가 우려난다.

⊙ 건어물과 채소 조림

재료(만들기 편한 양)

말린 꼬치고기 1장
무 200g
생 표고버섯 2~3개
대파 ½개

쑥갓 적당량
물 250㎖
국간장 25㎖
술 약간

1 말린 꼬치고기를 구워서 손으로 적당히 찢는다.

2 무는 껍질을 벗긴 후 가로로 둥글게 썰고 대파는 뭉텅뭉텅 썬다. 생 표고버섯은 줄기를 뗀다. 쑥갓은 데쳐서 큼직하게 썬다.

3 무, 생 표고버섯에 뜨거운 물을 살짝 부은 후 말린 꼬치고기를 넣는다. 물, 국간장, 술을 붓는다.

4 찬물 상태부터 열을 가해 물이 끓어오르면 약불로 줄이고 5분 더 끓인다. 마지막에 대파를 넣는다.

5 꼬치고기 뼈는 제거하고 무, 생 표고버섯, 대파와 함께 사발에 담는다. 육수를 붓고 쑥갓을 위에 놓는다.

토마토·토마토주스

토마토는 다시마와 같이 글루탐산이 풍부하게 들어 있다. 또한 다시마보다 두 배 정도 더 맛이 강하다. 육수로 쓰기에는 오히려 너무 진하기 때문에 물에 풀어서 사용한다. 생 토마토는 껍질과 몸통 사이에 맛이 듬뿍 담겨 있으므로 반드시 껍질을 벗기지 않고 끓여야 한다. 그리고 토마토주스를 사용하면 더 간편하다.

⊙ 토마토 줄레

프랑스 요리의 오르되브르(애피타이저)로도 나오는 토마토로 만든 묽은 젤리다. 젤라틴의 양을 최소한 적게 하여 입안에 넣으면 스르륵 녹아 퍼지는 것이 바람직하다. 만드는 법은 78쪽에서 소개한다.

⊙ 토마토 고기 감자 조림

고기 감자 조림을 만들 때 쓰는 소스를 토마토주스 1, 물 1을 섞어서 만들면 맛이 진해 밥과 잘 어울린다. 토마토의 맛과 고기의 맛이 상승효과를 일으켜 풍미가 폭발하는데다가 토마토주스에 점성이 있어 혀 위에서 천천히 움직이기 때문에 더 맛있게 느껴진다

재료(만들기 편한 양)

돼지고기 통삼겹살 200g
감자 450g
당근 100g
스냅 완두콩 5개

토마토주스(식염 미사용) 250㎖
물 250㎖
미림 50㎖
간장 30㎖

1 감자는 껍질을 벗기고 8~10등분으로 썬다. 당근은 껍질을 벗기고 삼각 모양으로 대충 썬다. 썬 감자와 당근은 뜨거운 물에 잠깐 담갔다가 건져 물기를 제거한다. 스냅 완두콩은 삶아서 한 입 크기로 썬다.

2 돼지고기는 1㎝ 두께로 잘라서 뜨거운 물에 잠깐 담근 후 찬물에 담갔다 건져 물기를 제거한다.

3 냄비에 토마토주스와 물을 붓고 감자와 당근을 끓인다. 감자와 당근이 부드러워지고 국물이 절반 정도로 졸면 돼지고기와 미림을 넣은 후 중불에서 국물을 졸인다. 마지막으로 간장을 두세 번에 나눠 넣어서 마무리한다.

4 그릇에 3을 투박하게 담고 스냅 완두콩에 국물을 살짝 묻혀 요리에 올린다.

콩·두유

콩에도 다시마에 들어 있는 글루탐산이 함유되어 있다. 콩으로 우린 육수는 담백하고 곱지만 두유는 단백질이 전부 다 국물에 우러나기 때문에 풍미가 강해진다.

⊙ 정진 육수

'정진(쇼진) 육수'란 콩이나 다시마, 표고버섯 등 식물성 재료를 말려 우려낸 육수를 말하는데, '비린내'를 금하는 사찰 요리에 사용한다. 맛의 임팩트는 약하지만 잔잔히 퍼지는 풍미가 있다. 오랜 시간 공들여 끓이기 때문에 냉장고에 넣으면 일주일 동안 보관할 수 있다. 국물을 우리는 데 사용한 표고버섯이나 다시마, 언두부는 조림으로 활용하자. 콩은 샐러드 등에 곁들여 먹어도 좋다.

재료

언두부 1장
말린 표고버섯 4개
다시마 25g
콩 40~50g
물 1.5~2ℓ

1 언두부는 포장지에 적힌 설명에 따라 물에 불린다.

2 젖은 행주로 가볍게 닦은 말린 표고버섯과 다시마, 씻은 콩, 1의 언두부를 모두 믹싱볼에 넣어 물을 붓고 1시간 동안 둔다.

3 2를 냄비에 옮기고 80℃에서 천천히 15분 정도 끓인 후 거품을 걷어내고 체에 거른다.

⊙ 정진 조림

재료

무말랭이(물에 불려서) 100g
언두부(육수를 우릴 때 씀) 1장
말린 표고버섯(육수를 우릴 때 씀) 2개
콩(육수를 우릴 때 씀) 70g

정진 육수 400㎖
미림 50㎖
국간장 25㎖

1 냄비에 육수, 미림, 국간장을 넣고 기타 재료를 전부 넣은 후 뚜껑을 덮고 80℃에서 20분 정도 끓인다.

2 접시에 담고 산초나무 어린잎(재료표 외)을 곁들인다.

두유만 있으면 요리가 이렇게 간편하다

두유 메밀국수 국물

두유에는 다시마와 마찬가지로 글루탐산이 풍부하게 들어 있다. 따라서 가다랑어포를 많이 써서 진한 풍미를 우려내 만드는 메밀국수 국물도 두유 6 : 미림 1 : 간장 1을 섞으면 아주 간단하게 만들 수 있다. 먼저 미림과 간장을 같이 전자레인지에 돌려서 알코올 성분을 날린 후 두유를 섞어서 식히기만 하면 된다. 이렇게 하면 풍미가 가득하고 맛있는 국물을 만들 수 있다.

두유 된장국

된장국 국물을 만들 때도 두유는 편리하다. 그러나 100%로 쓰면 풍미도 농도도 모두 진해지기 때문에 두유 1 : 물 2에 된장 적당량을 녹여 한소끔 끓인다. 그릇에 푸성귀를 데쳐 넣고 된장국을 부으면 완성이다. 다시마와 가다랑어포 국물을 우리지 않고 바로 된장국을 만들 수 있으므로 식사 준비가 간편하다.

°풍미에는 상승효과가 있다

맛의 기본은 '오미'(단 맛, 신 맛, 쓴 맛, 매운 맛, 짠 맛)라고 하는데, 일본에서는 거기에 '풍미'를 더해서 '육미'라고 부른다.

그리고 동물성 풍미와 식물성 풍미를 합치면 더 맛있어지는 상승효과가 있다고 한다. 특히 동물성인 가다랑어포로 대표되는 이노신산과 식물성인 다시마로 대표되는 글루탐산이 만났을 때 가장 효과가 높다. 각 재료의 풍미가 약하더라도 합치면 맛이 확 깊어지는 것이다.

가다랑어포와 다시마 외에도 본연의 풍미가 있는 재료는 많다. 생선 조림을 만들 때도 글루탐산이 함유된 재료와 같이 조리면 물로 끓여도 맛있어진다. 기억해두면 편하다.

이노신산 + 글루탐산 = 풍미 상승

이노신산(동물성)	글루탐산(식물성)
가다랑어포	다시마
고등어포	토마토
참다랑어포	대파
멸치	표고버섯
닭고기	배추
고등어	감자
도미	고구마
말린 생선	양파
…	콩
	두부
	두유
	…

'담백한 도미 조림'을 예로

140쪽의 도미 조림을 만들 때 두부, 대파, 생 표고버섯도 함께 조린다. 이 조합은 볼륨감이나 영양 균형도 따진 것이지만, 동시에 이 재료들에 들어 있는 글루탐산과 도미에서 나는 이노신산이 어우러져 국물의 맛을 살리기 때문이다. 따라서 국물로 육수를 쓰지 않고 물을 사용해도 충분하다.

이노신산

글루탐산

도미

두부

대파

표고버섯

맛있는 풍미 만들기

요리가 '맛있다'는 것은 '재료 고유의 풍미'를 맛볼 수 있다는 뜻이다. 요리란 조미료를 먹는 것이 아니라 재료의 맛을 즐기는 것이기 때문이다. 가게에서도 활용하는 풍미 만드는 비결을 정리했다.

1. 재료에 '맛의 길' 만들기

⊙ 밑간을 하면 '맛의 길'이 생긴다

우리는 요리 레시피에서 밑간을 한다는 말을 흔히 찾을 수 있다. 사실 이것은 풍미를 만들 때 아주 중요한 과정이다.

　예를 들어, 무침에 대해 생각해보자. 무침은 간이 되어 있는 소스에 식재료를 무치는 요리다. 이때 재료에 아무 간이 되어 있지 않으면 소스와 재료가 어우러지지 않고 입안에서 따로 노는 느낌이 든다. 한편 재료를 소금물에 데치거나 간장에 섞거나 조림 국물로 끓여서 간을 해두면 소스와 하나가 되어 맛이 완성된다. 즉, 재료의 맛과 조미료의 맛을 이어 주는 '맛의 길'을 만듦으로써 요리의 맛이 훨씬 살아나는 것이다. 이것은 초무침 요리도 마찬가지다.

⊙ 생선 토막에는 반드시 소금을

생선 토막에 '맛의 길'을 만들려면 '소금을 치고 20분 정도 두기'를 기억해두자. 생선의 불필요한 수분이나 비린내가 빠져나가고 풍미가 응축되며 살짝 밑간이 된다. 구이나 찜을 할 때는 소스나 조미료와 생선의 맛이 잘 섞인다. 생선 조림을 할 때는 물을 뺐을 때 생기는 자잘한 '구멍'에 조미료가 배어들기 때문에 맛이 연하더라도 풍미가 살아 있다.

　이 '맛의 길'을 만들 때는 입자가 곱고 바슬바슬 흘러내리는 소금을 추천한다. 소금은 물로 씻어내기 때문에 적당한 양을 쳐도 좋지만, 반드시 생선 양면에 골고루 쳐야 한다는 사실을 잊어서는 안 된다.

⊙ 말린 생선은 '맛의 길'이 이미 완성된 상태

소금을 쳐서 말린 생선은 이미 '맛의 길'이 완성된 상태다. 아무 작업을 하지 않아도 맛있기 때문에 간단히 구워 간장 없이 먹을 수 있다. 그리고 구운 후에 채소와 함께 조려도 좋다(→45쪽). 물에 끓이기만 해도 짠 맛이 적당하고 맛이 한데 모여 있어 맛있는 육수를 우릴 수 있기 때문에 즉석 조림을 만들어도 맛을 보장할 수 있다.

2. 뜨거운 물에 담그기

⊙ '뜨거운 물에 담그기'는 목욕을 하는 것

고기나 생선을 뜨거운 물에 담그면 표면이 희끄무레해져 마치 서리가 내린 듯하다. 이 과정을 거치면 표면에 있던 찌꺼기가 떨어져나가 식재료가 깔끔하고 깨끗해지기 때문에 고급스러운 맛이 난다. 사람도 욕탕에 들어갔다 나오면 때가 벗겨져 깨끗해지는데, 그 모습을 떠올리면 된다.

뜨거운 물에 담근 후에는 찬물로 옮겨 표면에 있는 찌꺼기를 씻는다. 이 과정은 재료에 불필요한 열이 남지 않도록 만들기 위해서이기도 하다. 고기나 생선뿐 아니라 채소도 살짝 데치는데, 이때는 찬물에 담그지 않는다. 풍미가 달아나기 때문이다.

생선이나 고기, 채소를 모두 뜨거운 물에 담가야 할 때는 냄비 하나에 채소→생선·고기 순서로 하는 것이 좋다. 그렇게 하면 뜨거운 물을 두 번 쓸 수 있다.

⊙ 두 가지 온도가 있다

〔밑준비를 할 때는〕

대부분 생선이나 고기를 조림이나 볶음 등에 사용할 때 이 과정을 거친다. 냄비에 물이 끓어오르면 믹싱볼에 얼음물을 준비한다. 재료를 체망에 올려 끓는 물에 넣고 몇 초 담갔다가 겉면이 희끄무레해지면 꺼내서 그대로 얼음물에 넣는다. 손으로 부드럽게 씻어서 찌꺼기나 피가 뭉친 부분, 지방 등을 떼어낸 다음 키친타월로 물기를 닦는다.

〔그대로 먹을 때는〕

오징어나 문어, 소고기 샤브샤브 등 열이 너무 들어가면 딱딱해지거나 풍미가 달아나는 재료는 65~70℃ 뜨거운 물에 몇 초 동안 담근다. 익은 듯 익지 않은 상태가 되기 때문에 날 것 같은 느낌으로 먹을 수 있다.

오징어나 문어는 냉수에 담그는데, 소고기는 지방이 굳으면 맛이 없어지기 때문에 상온의 물에 담근다. 65~70℃란 물에 손가락을 넣었을 때 1초 동안 참을 수 있는 온도라고 기억하자.

예외로 돼지고기는 세균이 있기 때문에 100℃로 끓는 물에 데친 다음 찬물에 담근다.

밥 짓는 법

밥 한 톨 한 톨에 윤기가 흐르고 보드라운 촉감, 씹으면 단 맛이 배어나와 입안에 가득 퍼지는 흰 쌀밥. 이렇게 맛있는 밥을 짓고 싶지 않은가? 특별한 쌀이 아니어도 좋다. 평소에 먹는 쌀로 만들어보자. 노자키 스타일의 비결을 내 것으로 만들면 '우리가 먹던 밥이 이렇게 맛있었어?' 하며 가족들도 기뻐할 것이다.

여기서는 전기밥솥, 가스(질냄비), 인덕션(프라이팬)으로 누구나 맛있게 밥 짓는 법을 담았다. 모든 방법에 공통되는 부분은 뜸을 들이는 시간도 포함해서 총 20분 이상 가열해야 한다는 것이다. 멥쌀은 이렇게 했을 때 비로소 전분이 호화(녹말을 가열했을 때 점도, 수용성, 부피가 증가하는 것. 젤라틴화나 알파화라고도 한다)하여 맛있게 먹을 수 있다.

모든 방법에 공통되는 기본

❶ 쌀을 씻는다

먼저 쌀은 '마른 것'이라고 생각하자. 믹싱볼에 쌀을 넣고 물을 부은 후 손끝으로 큼직하게 섞어 잘 씻은 후 물을 버린다. 요즘에는 정미 상태가 좋아서 쌀겨가 별로 남아 있지 않으므로 힘을 주어 씻을 필요는 없다. 쌀 표면에는 정미할 때 생긴 가느다란 금이 있기 때문에 오히려 힘을 너무 주면 깨지는 경우가 있다. 어루만지는 정도로만 씻자. 이 과정을 물이 투명해질 때까지 여러 번 반복한다.

❷ 완벽하게 흡수

'마른 것'이기 때문에 속까지 완전히 물이 배어들게 불릴 필요가 있다. 그러려면 20~30분이 필요한데, 30분간 담그면 표면이 쉽게 허물어지니 15분 동안 담근 후 체에 올려 15분 동안 물기를 뺀다. 그러면 표면의 물을 빨아들여 적당하게 붇는다. 그리고 이 작업을 하면 마른 쌀 비린내도 물과 함께 빠져나간다. 무세미(씻지 않아도 되는 쌀) 역시 물에 불려야 한다.

❸ 쌀에 물을 붓는다

솥에 쌀과 물을 넣는다. 물의 양(용량)은 쌀과 같은 양이다. 물기를 빼고 새 물로 밥을 지으면 맛이 깔끔해진다.

만약 쌀을 불리지 않았다면 쌀보다 20퍼센트 정도 물을 많이 넣는다. 2홉일 때 약 430ml다.

전기밥솥으로 밥을 지을 때

1 내솥을 밥솥에 넣고 '쾌속 취사'를 누른다. 일반 취사에는 불리는 시간도 포함되어 있지만 충분히 불린 쌀은 그렇게 할 필요가 없다. 오히려 일반 취사로 하면 쌀이 너무 불어서 쾌속 취사로 할 때보다 질게 밥이 된다.

2 밥이 다 지어졌으면 주걱을 써서 위아래로 뒤집으면서 섞는다. 공기가 들어가 불필요한 수증기가 빠져나가기 때문에 밥에 윤기가 생긴다. 밥을 다 지은 다음 방치해두면 식감이 확 떨어진다.

3 밥솥의 보온 기능은 쓰지 않는다. 보온은 계속 가열을 하는 것과 똑같다. 맛이 떨어질 뿐이다. 콘센트를 빼고 뚜껑을 열어 물기를 꼭 짠 행주를 덮어둔다.

왜냐하면 밥의 식감을 유지하기 위해서는 불필요한 수분은 금물이기 때문이다. 나중에 먹을 생각이라면 식은 밥을 밥그릇에 담아 랩을 씌우고 전자레인지로 다시 데우는 편히 훨씬 맛있다. 따라서 전날 밤에 미리 아침에 밥이 되도록 타이머를 맞춰두기보다는 전날 밤에 밥을 해서 식힌 다음 아침에 전자레인지로 데워 먹는 것을 추천한다.

질냄비로 밥을 지을 때

1 질냄비는 바닥이 편평한 것으로 고른다. 쌀의 표면이 넓어지기 때문에 공기와 닿기 쉬워 밥에 윤기가 생긴다. 질냄비에 쌀과 물을 넣고 뚜껑을 닫은 다음 강불로 가열한다. 뚜껑에 알루미늄 포일을 접어서 끼워 두면 수증기 구멍 역할을 해 끓어 넘치지 않게 할 수 있다. 그리고 끓어오르면 불을 줄이고 뚜껑을 비스듬히 열어 놓은 후 가볍게 끓어오르는 상태를 유지하면서 7분 동안 더 끓인다. 점점 밥의 고소한 냄새가 풍길 것이다.

2 표면에 물이 줄어들면 불을 줄여서 7분 동안 끓인 후 마지막에 아주 약한 약불로 5분 더 가열한다. 이렇게 끓어오른 후 모두 합쳐 약 20분 동안 끓인다. 가정에서는 그동안 반찬이나 된장국을 준비하면 딱 좋을 것이다.

3 불을 끄고 5분간 방치한 후 뚜껑을 열고 주걱으로 섞어 밥을 풀어준다. 이렇게 하면 표면의 딱딱한 밥과 바닥의 부드러운 밥이 균일하게 섞인다. 동시에 공기가 들어가서 불필요한 수분이 날아간다.

4 물기를 꼭 짠 행주를 씌워 뚜껑을 비스듬히 열어 둔다. 뚜껑에 고인 물방울을 행주가 흡수하여 식어도 윤기가 흐르는 밥이 된다.

1 바닥이 편평하고 면적이 넓은 냄비나 프라이팬을 추천한다. 인덕션은 가스 불처럼 측면에서 불이 들어오지 않기 때문에 열의 대류가 일어나지 않는다. 바로 밑에서 일방적으로 가열하기 때문에 쌀이 열에 닿는 표면적이 되도록 넓어야 좋다. 쌀과 물을 넣은 후 먼저 젓가락으로 가볍게 섞는다.

2 뚜껑을 닫고 강불(분리형은 강불, 빌트인은 중간보다 약간 강불)로 끓인다.

3 끓어오르면 뚜껑을 열고 젓가락으로 냄비 전체를 휘저어 섞은 다음 뚜껑을 다시 덮고 10분이 약간 안 되는 시간 동안 끓인다.

4 쌀이 수분을 빨아들여 물기가 줄어들고 겉으로 모두 드러나면 중불로 줄여서 10분이 약간 안 되는 시간 동안 더 끓인다.

5 다 된 밥은 5분 동안 뚜껑을 덮은 채 그대로 둔 다음 주걱으로 전체를 섞어준다. 물기를 꼭 짠 행주를 씌워둔다.

재해가 났을 때 밥 짓는 법

대지진 등 재해가 났을 때는 따끈따끈한 밥이 무엇보다 진수성찬이다. 비상시에 활용할 수 있는 1인분 밥 짓기를 소개하겠다.

1 식품용 비닐봉지에 쌀과 물을 넣고 물을 갈아주면서 씻는다.

2 비닐봉지를 이중으로 싸서 쌀과 똑같은 양의 물을 넣는다. 부풀어 오르므로 여유를 주고 비닐봉지 입구를 꼭 묶는다.

3 끓는 물에 담그고 뚜껑을 닫은 다음 30분 동안 끓인다.

4 봉지 입구를 열고 잘 저어 준다.

  ※ 비닐봉지에 넣은 상태로 먹으면 젓가락도 필요 없다. 봉지는 안쪽에 있는
    한 장만 버리면 설거지할 필요도 없고 편리하다.

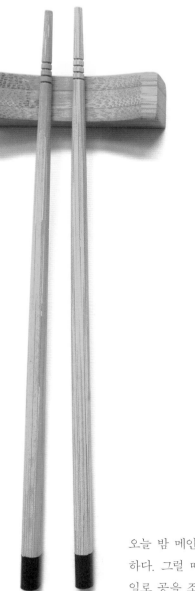

제2장

무침 절임 샐러드

한 첩이 더 필요할 때

오늘 밤 메인 요리는 결정했지만 입가심으로 간단한 반찬이 필요하다. 그럴 때 필요한 아이디어를 소개하고자 한다. 노자키 스타일로 공을 조금만 더 들이면 간단한 무침도 고급스러워진다.

혼합 식초 배합을 기억해두면 편리한

초절임 3종

초절임에 쓰는 주요 재료는 해산물이나 채소, 해조류다. 생으로 먹는 해산물에는 소금을 친 후 식초에 담가 밑간을 약하게 해둔다. 수분이 많은 생채소는 소금물에 담그거나 소금에 비벼 탈수를 해둔다. 이렇게 밑준비를 해두는 것이 '맛의 길'이다. 혼합 식초와 재료의 맛이 어우러져 풍미가 좋아진다. 혼합 식초 배합을 바꾸면 맛에 변화를 줄 수 있다.

1인분
23kcal
염분 0.5g

시금치 표고버섯 영콘 초간장 절임

1인분
32kcal
염분 0.6g

큰실말 초간장 절임

1인분
100kcal
염분 1.9g

오이 문어 미역 초간장 절임

상큼하게 먹는다면 식초1 : 간장 1 이배초로

오이 문어 미역 초간장 절임

재료(2인분)

오이 1개
삶은 문어 다리 1개
불린 미역 60g

초간장(이배초)
  식초 1큰술
  간장 1큰술

※대용 → 오이 대신 무, 연근, 셀러리, 감국 등. 과일 중에서는 감, 배, 사과 등도 잘 어울린다. 과일은 소금물로 씻어서 사용한다.

1 오이는 얇게 썰어 3% 소금물(재료표 외)에 10분간 담근다.

2 삶은 문어와 미역은 먹기 좋은 크기로 썬다.

3 초간장 재료를 작은 냄비에 넣고 가열하고, 한소끔 끓어오르면 식힌다. 전자레인지에 2분간 돌려도 좋다.

4 1의 오이는 물기를 꼭 짠다. 종지그릇에 2와 함께 담고 3을 뿌린다.

단 맛을 좋아한다면 식초 1 : 간장 1 : 미림 1 삼배초로

시금치 표고버섯 영콘 초간장 절임

재료(2인분)

시금치 2다발
영콘 2개
생 표고버섯 2개

초간장(삼배초)
  식초 1작은술
  간장 1작은술
  미림 1작은술

1 시금치는 뿌리 부분을 물에 담가 싱싱하게 둔다. 볼에 뜨거운 물을 가득 담아 뿌리부터 넣어서 데치고 (57쪽) 물기를 짠다. 영콘은 삶아서 두 쪽이 되도록 세로로 썬다.

2 생 표고버섯은 줄기를 떼고 전체를 굽는다. 클 때는 두 쪽으로 썬다.

3 초간장 재료를 냄비에 넣고 한소끔 끓여서 식초와 미림의 알코올 성분을 날린 후 식힌다.

4 종지그릇에 1과 2를 담고 3을 뿌린다.

수분이 많은 재료에는 풍미가 좋은 토사초로

큰실말 초간장 절임

재료(2인분)

소금에 절인 큰실말 100g
간 생강 약간

토사초
  물 1큰술
  식초 2작은술
  간장 1작은술
  미림 1작은술
  깎은 가다랑어포 한 줌

1 큰실말은 찌꺼기를 털고 끓는 물에 살짝 담가 해초 비린내를 없앤다. 체로 건져 물기를 빼고 먹기 좋은 크기로 자른다.

2 토사초를 만든다. 작은 냄비에 물, 식초, 간장, 미림을 넣고 깎은 가다랑어도 같이 넣어 불에 올리고 한소끔 끓인다. 걸러서 식힌다.

3 큰실말을 2에 담가 종지그릇에 담은 후 간 생강을 올린다. 큰실말이 아니라 순채를 넣어 빛깔을 내고 싶을 때는 미리 담그지 말고 먹기 직전에 토사초를 붓는다.

초절임을 할 때 꼭 따져야 할 것

초절임을 선호하지 않는 분들이 의외로 많다. 그중 가장 큰 이유는 바로 식초의 톡 쏘는 맛이 자극적이기 때문일 것이다. 따라서 초절임을 할 때는 혼합초를 반드시 가열하여 신 맛을 증발시켜 부드럽게 만드는 것이 포인트다. 작은 냄비에 담아 한소끔 끓이거나 전자레인지에 돌려도 괜찮다.

초절임용 혼합초는 크게 '단 맛이 없는 타입'과 '단 맛이 있는 타입'으로 나눌 수 있다.

단 맛이 없는 가장 기본적인 식초를 '이배초'라고 한다. 식초 1과 간장 1, 이렇게 같은 비율로 섞어서 신 맛이 나면서도 깔끔하다. 계절로 따지면 초여름부터 초가을까지 더운 시기에 적합하며 새우나 게 등 해산물이 메인인 요리에 자주 사용한다. 풍미가 강한 동물성 단백질에 신 맛을 입힘으로써 균형 잡힌 맛을 느낄 수 있다.

이 이배초에 육수를 더해 부드럽게 만든 것이 '가감초'다. 식초 1, 국간장 1에 육수 7~8을 넣고, 거기에 깎은 가다랑어포를 넣어 풍미를 더한다. 그대로 마셔도 맛있어서 신 맛을 싫어하는 분들에게도 추천한다.

한편 단 맛이 있는 기본적인 식초는 '삼배초'라고 한다. 식초 1, 간장 1, 미림(또는 설탕) 1의 비율로 섞는다. 재료가 채소만 있을 때처럼 풍미나 단 맛이 약간 부족하다 싶을 때 미림의 풍미가 더해져 맛있어진다.

삼배초에 가다랑어포 육수를 더한 것이 '토사초'다. 육수 3, 식초 2, 간장 1, 미림 1이 기본이다. 55쪽에서 나온 '큰실말 초간장 절임'처럼 육수 대신 물을 사용하고 깎은 가다랑어를 나중에 넣는 간단한 방법으로도 만들 수 있다. 가다랑어가 많이 나는 토사(고치 현)에서 이 이름이 유래되었다. 풍미가 깊고 맛이 풍부한 만능 식초로, 풍미가 적은 재료에 사용하면 본연의 맛이 훨씬 더 살아난다. 그리고 초절임에 사용하는 식초는 쌀로 만든 부드러운 식초보다 곡물을 사용한 식초를 추천한다. 쌀, 보리, 술지게미(술을 빚은 후 술을 짜내고 남은 술 찌꺼기) 등을 원료로 쓰기 때문에 신 맛이 강하고 불필요한 풍미도 없다. 그 만큼 재료의 맛을 그대로 살릴 수 있다.

육수가 많이 들어간 가감초는 4~5일 정도, 이배초, 삼배초나 토사초는 1개월 정도 냉장 보관이 가능하다.

혼합초의 배합 비율표

종류	이름	육수	식초	간장 (진간장)	간장 (국간장)	미림	기타
단 맛이 없는 식초	이배초		1	1			
	가감초	7~8	1		1		가다랑어 적당량
단 맛이 있는 식초	삼배초		1	1		1	
	토사초	3	2	1		1	
	나마수초	3	2			1	소금 0.2~0.3
변형 식초	폰즈 간장		감귤 식초 1, 곡물 식초 2	3			참기름 0.5
	참깨초	2~3	1	1			참깨 페이스트 1
	남방초	7	3		1	1	설탕 0.5
	매실초	200ml	15ml	15ml			매실 30g

시금치의 맛과 향이 강하게, 소금물에 담가서

시금치나물

나물은 제철 채소의 맛과 풍미가 요리의 맛을 좌우한다. 채소가 신선하고 맛있다면 소금물에 다시마로 풍미만 살짝 더해 나물을 만들어보기 바란다. 보통은 육수를 섞은 혼합간장에 데치는데, 소금물에 데친 나물을 한 입 맛보면 혼합간장에 데친 나물의 풍미가 오히려 과하게 느껴질 것이다. 물론 취향에 따라 간장을 써도 좋다.

구치·절이·샐러드

채소를 데칠 때 유의할 점

1. 물에 담가 파릇하게 만든다
신선하고 싱싱한 채소는 빨리 데쳐져 색과 식감이 좋다. 시든 채소는 데치는 데 시간이 오래 걸리기 때문에 쓴 맛의 원인이 되는 옥살산이 나온다.

2. 소금을 더 넣을 필요는 없다
소금을 한 꼬집 더해도 푸성귀를 데칠 때 예쁜 빛깔이 나는 효과는 없다. 오히려 물의 온도를 90℃ 이상으로 유지하는 것이 더 중요하다. 끓인 물에 조금씩 데쳐서 물의 온도가 내려가지 않도록 해야 한다.

1인분
14kcal
염분 0.6g

재료(2인분)

시금치 ¼단
깎은 가다랑어포 적당량

소금물
　물 300㎖
　국물용 다시마 5㎝ 조각 1장
　소금 1큰술보다 약간 작게(염분 5%)

※대용 → 소송채, 쑥갓 등 잎채소는 무엇이든

1 작은 냄비에 물과 다시마를 넣고 15분간 놔둔 후 소금을 넣고 한소끔 끓인다.

2 믹싱볼에 물을 가득 담고 시금치 뿌리 부분을 10분 동안 담가 싱싱하게 만든다.

3 물을 가득 끓여 시금치를 한 줄기씩 뿌리부터 넣고 줄기가 약해지면 전체를 뜨거운 물에 담가 재빨리 데친다. 이 과정을 반복하여 전부 다 데친다.

4 데친 시금치는 얼음물에 담가 식히고 체에 올려 물기를 짠다.

5 1의 소금물에 시금치를 5분 동안 담근 후 물기를 잘 짠다. 예쁘게 담은 후 방금 전에 담갔던 소금물을 붓고 깎은 가다랑어를 올린다.

갓 데친 향과 식감이 살아 있는

꼬투리 강낭콩 깨 무침

간단하면서 1년 내내 즐길 수 있는 무침이 바로 깨 무침이다. 가정에서는 음식점과 격이 다른 맛을 낼 수 있다. 왜냐하면 음식점에서는 재료를 데쳐서 미리 준비해놓지만, 가정에서는 갓 데쳐 아직 살짝 뜨끈한 상태로 먹을 수 있기 때문이다. 재료의 깊은 맛이 가득하고 식감도 좋다.

1인분
78kcal
염분 0.8g

재료(2인분)

꼬투리 강낭콩 60g
간장 약간
깨 무침 베이스(→59쪽) 만들기 편한 양의 ⅓

※대용 → 잎채소, 감자 종류를 삶아서 쓰거나 생오이나 토마토, 단 맛이 강한 과일을 그대로 써도 좋다. 유부 등 두부 제품은 살짝 데쳐서 사용한다.

요리 팁

꼬투리 강낭콩은 떫은 맛이 심하지 않기 때문에 시금치 등과 달리 삶은 후에 찬물에 오래 담가 둘 필요가 없다. 오히려 수분을 많이 흡수하지 않도록 빨리 체로 건져야 한다. 그리고 간장을 살짝 뿌린 다음 수분을 꼭 짜 '맛의 길'을 깔고 나서 깨 무침 베이스와 섞도록 한다. 깨는 검은 깨든 흰 깨든 취향에 따라 선택하면 되는데, 검은 깨로 하면 풍미가 조금 더 강해진다.

1 꼬투리 강낭콩은 양쪽 끝을 잘라낸 후 3~4㎝ 길이로 썬다. 끓는 물에 삶은 후 찬물에 담갔다가 열이 살짝 남은 상태에서 체로 건진다.

2 믹싱볼에 간장과 꼬투리 강낭콩을 넣고 꼭 쥐어 간장의 맛이 배어들게 한다(간장 씻기).

3 즙을 꼭 짜서 깨 무침 베이스에 무쳤을 때 맛이 묽어지지 않도록 한다.

4 깨 무침 베이스에 무친다.

무침을 할 때 중요한 것

무침의 맛이 밍밍하거나 소스만 먹는 느낌…… 이런 경험은 누구나 해봤을 것이다. 초절임을 소개할 때도 말했듯이 재료에 '맛의 길'을 깔지 않았기 때문에 그렇다. 무침을 할 때는 재료에 밑간을 해두거나 간이 있는 재료를 쓰는 것이 철칙이다. 무침에는 설탕이나 간장 맛이 확실히 들어가 있다. 재료에도 간이 되어 있으면 깨 무침 베이스와 연결해 주는 역할을 하기 때문에 먹었을 때 입안에서 하나가 된다. 그 점이 생채소를 드레싱이나 마요네즈로 무치는 샐러드와 큰 차이다.

깨 무침 베이스 만들기

깨의 풍미를 즐기려면 '절반 빻기'가 포인트다. 씹었을 때 깨가 터지면서 신선한 맛과 향이 감돈다. 살짝 딱딱하지만 재료에서 나오는 수분 덕분에 무쳤을 때 딱 적당하니 걱정할 필요가 없다. 넉넉하게 만들어서 나머지는 보관해두면 편리하다. 지퍼백에 넣어 1개월 정도 냉장 보관을 할 수 있으며 냉동 보관을 해도 좋다.

재료(만들기 편한 양)

검은 통깨(흰 깨도 좋다) 8큰술
설탕 2큰술
간장(검은 깨는 진간장, 흰 깨는 국간장) 2작은술

1 절구로 깨의 절반을 빻고 나머지 절반은 그대로 둔다. 이것을 절반 빻기라고 한다. 설탕과 간장을 넣고 더 빻아 맛이 충분히 배도록 한다.

2 보관할 때는 지퍼백에 넣어 공기를 빼고 단단히 밀폐하여 냉장고에 넣는다.

채소와 깨의 향을 함께 느낄 수 있는

꼬투리 완두콩 당근 깨 무침

깨 무침 베이스를 흰 깨로 바꾸면 또 다른 맛을 즐길 수 있다. 검은 깨 베이스에는 진간장을 쓰기 때문에 맛과 풍미가 강해진다. 흰 깨 베이스는 흰 빛깔을 살리기 위해 국간장을 쓰기 때문에 기품이 있고 깨의 향이 살아 있다.

재료(2인분)

꼬투리 완두콩 60g
당근 30g
국간장 약간
깨 무침 베이스(흰 깨) 만들기 편한 양의 ¼

1 꼬투리 완두콩과 당근을 삶아서 각각 채썬다.

2 1을 믹싱볼에 넣어 국간장을 배어들게 한 후 물기를 짠다.

3 2를 깨 무침 베이스에 무친다.

1인분
87kcal
염분 0.8g

순한 두부의 풍미와 재료가 하나로

으깬 두부 무침 3종

으깬 두부 무침은 두부의 풍미와 부드러운 촉감이 즐거운 요리다. 두부를 으깨서 덩어리가 남지 않도록 마무리한다. 베이스에서 우러나는 맛이 풍부하므로 무치는 재료를 아무 손질 없이 그대로 쓰면 수분이 많아져서 잘 어울리지 않는다. 그래서 일반적으로는 소금물에 데치거나 미리 익혀 맛을 입힌다. 그러나 식초에 절인 생선이나 채소, 풍미가 듬뿍 우러나는 감이나 사과, 키위와 같은 과일은 그대로 써도 좋다. 과일로 만든 무침은 디저트로도 일품이다.

1인분
276kcal
염분 0.3g

누에콩 새우 호두 무침

1인분
110kcal
염분 2.2g

오이 생강 초절임 무침

1인분
127kcal
염분 0.8g

유부 실곤약 무침

재료에 밑간을 하는 방법으로

유부 실곤약 무침

재료(2인분)

유부 ⅓장
실곤약 50g
당근 30g
생 표고버섯 2장
으깬 두부 무침 베이스(→62쪽) 만들
기 편한 양의 ½

국물
물 ½컵
연한 간장 1작은술
술 ½작은술

1 유부는 살짝 데쳐 기름기를 빼고 세로로 길게 이등분한 다음 얇게 썬다. 실곤약도 살짝 데친 후 먹기 좋은 길이로 썬다. 당근은 얇게 썰고 생 표고버섯은 줄기를 떼고 얇게 썬다.

2 작은 냄비에 국물 재료를 넣고 1을 넣은 후 당근의 씹히는 맛이 남을 정도로 끓인다.

3 체망에 올려 고무 주걱으로 눌러 물기를 말끔히 뺀 후 식힌다.

4 으깬 두부 무침 베이스로 무친다.

간이 되어 있는 재료로

오이 생강 초절임 무침

재료(2인분)

오이 ½개
생강 초절임 30g
으깬 두부 무침 베이스(→62쪽)
만들기 편한 양의 ½
소금 적당량

1 오이는 둥글게 썬다. 3% 소금물에 20분 담근 후 손으로 물기를 꼭 짠다.

2 생강 초절임은 얇게 썬다.

3 1과 2를 으깬 두부 무침 베이스로 무친다.

본연의 풍미가 있는 재료로

누에콩 새우 호두 무침

재료(2인분)

누에콩 8개
보리새우 4마리

호두 무침 베이스
연두부 ½모
호두 50g
설탕 1큰술
국간장 ½작은술

1 호두 무침 베이스를 만든다. 연두부의 물기를 뺀다. 막자로 호두를 부드럽게 빻다가 두부를 같이 넣어 으깬 다음 설탕, 국간장을 넣고 균일하게 섞는다.

2 누에콩을 삶은 후 체망으로 건져 올려 재빠르게 부채질을 하여 식히고 얇은 껍질을 벗긴다. 누에콩은 녹말질이라 물을 금세 흡수하기 때문에 이런 방법으로 식힌다.

3 보리새우는 등에 칼집을 내서 내장을 제거하고 삶는다. 머리 이외의 껍질을 벗긴 후 꼬리를 뗀다.

4 누에콩과 새우를 그릇에 담은 뒤 1을 올린다.

요리 팁

으깬 두부 무침 베이스는 쉽게 상하기 때문에 가능하면 손으로 만지면 안 된다. 또한 재료도 충분히 식힌 다음에 무쳐야 한다. 재료의 물기를 뺄 때도 '오이 생강 초절임 무침'처럼 방부 효과가 있는 식초가 들어간 요리 이외에는 고무 주걱 등을 사용하기를 추천한다.

으깬 두부 무침 베이스 만들기

두부는 초여름부터 초가을까지 더운 시기에는 상하기 쉬우므로 미리 데친 다음 쓰도록 하자. 일반 두부를 쓰면 맛이 진하고 연두부를 쓰면 매끈매끈하다. 베이스를 재료에 올려 먹을 때는 연두부가 더 좋다.

재료(만들기 편한 양)

두부 100g(½모)
설탕 2큰술
국간장 1작은술

참깨 페이스트(네리고마) 2큰술

※전부 다 양을 절반으로 줄여서 만들어도 좋다.

1 두부를 면포나 키친타월로 싼다. 도마나 접시, 발 등을 비스듬히 기울여 두부를 올린다. 물을 담은 볼로 눌러 15분간 둔다.

2 두부를 절구로 매끈해질 때까지 빻는다. 설탕, 국간장, 참깨 페이스트를 넣고 조금 더 빻는다.

요리 팁

맛있는 두부가 생겼다면 대충 으깨는 정도로 해서 참깨 페이스트를 넣지 말고 만들어보자. 콩의 풍미가 향긋하게 퍼질 것이다. 일반 두부는 참깨 페이스트를 넣어야 풍미가 진해져 콩의 맛을 살릴 수 있다.

호두, 피넛을 갈아서 넣거나 생크림을 더해도 아주 맛있다. 또한 두부 양보다 ½ 이상 많은 호두나 깨가 들어가면 으깬 두부 무침이 아니라 호두 무침, 깨 무침으로 부른다.

다양한 으깬 두부 무침 베이스

여기서는 참깨 페이스트만 바꾼다. 나머지는 똑같은 분량으로 똑같이 만든다.

기본

진한 베이스
참깨 페이스트 대신 생크림을 2큰술 넣는다.

땅콩 베이스
땅콩 30g을 프라이팬에 볶은 후 넣어 함께 절구로 빻는다.

호두 베이스
호두 30g을 프라이팬에 볶은 후 넣어 함께 절구로 빻는다.

잣 베이스
잣 30g을 프라이팬에 볶은 후 넣어 함께 절구로 빻는다.

아몬드 베이스
아몬드 30g을 프라이팬에 볶은 후 넣어 함께 절구로 빻는다.

봄 향기가 입안 가득히 퍼지는

피조개 쪽파 무침

초된장 무침을 누타라고 하는데, 베이스 맛이 독특하기 때문에 너무 담백하지 않은 재료와 같이 무치는 것을 추천한다. 동물성 단백질과 채소를 조합하면 맛의 균형이 좋지만 채소만 무쳐도 좋다.

재료(2인분)

피조개 4개
쪽파 2단
염장 미역 30g

무침 베이스
　된장 소스(→75쪽) 50g
　식초 ½큰술
　일본 겨자 ½작은술

※대용 → 피조개 대신 가리비 관자, 바지락 등 제철 조개

1 피조개는 날개 살을 떼고 두꺼운 살을 잘라 펼쳐 내장도 뺀 후 격자 모양으로 칼집을 내고 반으로 자른다. 65~70℃의 뜨거운 물에 살짝 담갔다가 찬물로 옮긴 후 건져 물기를 제거한다.

2 쪽파는 데쳐서 물기를 짜고 5cm 길이로 자른다. 미역은 물로 씻어 불리고 먹기 좋은 크기로 자른다.

3 무침 베이스 재료를 잘 섞는다.

4 먹기 직전에 함께 무쳐 접시에 담는다.

1인분
115kcal
염분 2.3g

간 무와 폰즈로 담백하게

찜닭 시금치 간 무 무침

간 무 무침은 뒷맛이 깔끔한데다가 간 무와 섞은 조미료가 재료와 잘 어우러진다. 어떤 재료와도 잘 어울리기 때문에 취향에 따라 만들 수 있는 종류가 무궁무진하다. 닭다리살이나 삼겹살, 소고기 등 지방이 많은 재료를 특히 추천한다.

재료(2인분)

닭다리살 ⅔장
시금치 2묶음
간 무(물기를 짜서) ½컵
소금·후추 약간씩
술 2큰술
폰즈 간장(→74쪽) 적당량

1 시금치는 뿌리 부분을 물에 담가 싱싱하게 둔다.

2 닭고기는 믹싱볼에 넣어 소금, 후추, 술을 뿌리고 10분 정도 찐다. 열을 식히고 5mm 폭으로 썬다.

3 시금치는 물에 데친 후 찬물에 담가 식히고 5cm 길이로 썬다.

4 먹기 직전에 간 무와 폰즈 간장으로 재료를 무쳐 접시에 담는다.

1인분
296kcal
염분 1.8g

계절 채소 한 첩 요리

 땅두릅나물의 쓴 맛과 매실의 신 맛이 입가심으로

땅두릅나물 매실 무침

1인분
34kcal
염분 2.1g

재료(2인분) -

땅두릅나물 중간 크기 2개
매실살 1큰술
간장 1작은술

1 땅두릅나물은 껍질을 두툼하게 벗기고 큼지막하게 대충 썬다.

2 식초물(재료표 외)에 담갔다가 건져 물기를 제거한다.

3 매실살과 간장을 섞은 후 땅두릅나물과 무친다.

즉석에서 절여 산뜻하게 먹을 수 있는

순무 소금 무침

1인분
10kcal
염분 0.5g

재료(2인분) -

순무 100g
소금 ¼작은술

1 순무는 껍질을 벗겨 얇게 반달 모양으로 썬다. 무청은 작게 썬다.

2 1을 소금과 같이 무치고 5분 정도 둔 후 물기를 짜서 접시에 담는다.

밑준비가 번거롭지만 계절의 맛이 가득

머위 초간장 무침

1인분
29kcal
염분 1.4g

재료(2인분) -

머위 2개
초간장(이배초)(→55쪽) 4큰술
흰 통깨 2작은술

1 머위는 도마 위에 놓고 위아래로 소금(재료표 외)을 뿌린다.

2 냄비 크기에 맞게 크게 썰어서 살짝 데친 후 껍질을 벗기고 5㎝ 길이로 썬다.

3 접시에 담고 이배초를 부은 후 통깨를 뿌린다.

여름 채소의 맛
토마토 오크라 간 무 무침

1인분
25kcal
염분 1.0g

재료(2인분)

토마토 ½개(100g)   **간 무**(물기를 짜서) 60g
오크라 4개   **소금·후추** 약간씩
청자소 5장

1 토마토는 작은 사각형 모양으로 썬다. 오크라는 데친 후 자그맣고 두껍게 썬다. 청자소는 손으로 찢는다.

2 간 무에 소금, 후추로 간을 하고 1을 무친다.

생강의 향이 청량하게 느껴지는
구운 가지 무침

1인분
20kcal
염분 0.9g

재료(2인분)

가지 2개
간 생강 적당량
간장 적당량

1 꼬치로 가지 표면에 군데군데 구멍을 뚫고 생선 그릴(또는 구이망)로 껍질이 탈 때까지 굽는다.

2 물에 담갔다가 껍질을 벗기고 반으로 자른다. 먹기 편한 크기로 썬다.

3 접시에 담고 간 생강을 얹은 후 간장을 붓는다.

수분이 많은 채소를 무침 베이스로
자차이 오이 간 무 무침

1인분
23kcal
염분 3.0g

재료(2인분)

병조림 자차이 50g
오이 1개
대파 ¼개

1 오이는 껍질째 갈아서 가볍게 즙을 짠다.

2 대파는 잘게 썬 후 물로 살짝 씻어 물기를 닦는다.

3 자차이와 대파를 간 오이로 무친다.

무침·절임·샐러드

아삭한 식감이 재미있는
감자 댑싸리 무침

1인분
65kcal
염분 2.0g

재료(2인분)

감자 100g　　　　　　　　　　**이배초**(→55쪽) 3큰술
댑싸리 씨(소금에 절인) 2큰술
간 생강 약간

1 감자는 껍질을 벗기고 두껍게 채 썬다. 살짝 데친 후 물기를 제거한다.

2 댑싸리 씨는 촘촘한 체에 넣어 살짝 씻은 후 물기를 제거한다.

3 이배초에 간 생강을 섞어서 1과 2를 무친다.

겨자가 포인트
마 겨자 간장 무침

1인분
42kcal
염분 0.4g

재료(2인분)

생마 10cm
겨잣가루(물에 개서) 약간
간장 적당량

1 생마는 껍질을 벗기고 두껍게 채 썬다.

2 접시에 담고 물에 갠 겨잣가루를 올린 후 간장을 붓는다.

두 종류의 버섯을 마음껏
버섯 폰즈 간장 무침

1인분
37kcal
염분 1.7g

재료(2인분)

만가닥버섯 ½팩　　　　　　**소금** 약간
생 표고버섯 2장　　　　　　**폰즈 간장**(→74쪽) 적당량
양파 ½개

1 만가닥버섯은 생선 그릴(또는 구이망)로 구운 후 찢는다. 생 표고버섯은 줄기를 떼어낸 후 구워서 4등분한다.

2 양파는 가로로 얇게 잘라 소금으로 주무른 후 물로 씻고 물기를 짠다.

3 1과 2를 섞어서 접시에 담고 폰즈 간장을 붓는다.

오색빛깔 뿌리 채소를 무쳐서

오색 생채 무침

1인분
88kcal
염분 1.5g

재료(2인분)

순무 1개	**나마수 초**
당근·무 각 4cm	**물** 6큰술
생 표고버섯 2개	**식초** 4큰술
미나리 2묶음	**미림** 2큰술
소금 적당량	**소금** ⅓작은술
흰 통깨 적당량	

1 순무, 당근, 무는 껍질을 벗긴 후 두껍고 긴 사각형으로 썬다. 2% 소금물에 30분 동안 담근 후 물기를 짠다.

2 나마수 초 재료를 작은 냄비에 넣어 한소끔 끓인 후 식힌다.

3 생 표고버섯은 줄기를 떼어내고 생선 그릴(또는 구이망)로 구워서 얇게 썬 후 2에 30분간 담가 놓는다. 미나리는 데친 후 큼직하게 썬다.

4 1과 3을 섞어서 접시에 담고 흰 통깨를 뿌린다.

단 맛이 강해진 배추를 듬뿍

배추 염장 다시마 샐러드

1인분
13kcal
염분 1.4g

재료(2인분)

배추 1장
염장 다시마 15g
유자 껍질(채 썰어서) 약간

1 배추는 길이 3cm, 폭 5mm로 납작하게 사각형으로 썬다.

2 1을 염장 다시마, 유자 껍질과 함께 섞는다.

고기 요리에도 곁들이고 싶은

쑥갓 샐러드

1인분
58kcal
염분 1.3g

재료(2인분)

쑥갓 3개	**드레싱**
대파 ½개	**간장** 1큰술
흰 통깨 적당량	**식초** 1큰술
	참기름 ½큰술

1 쑥갓은 잎을 뜯는다. 대파는 얇게 채 썬다. 같이 물에 담갔다가 건져서 물기를 꼭 짜고 접시에 담는다.

2 드레싱 재료를 섞어서 1에 붓는다. 흰 통깨를 뿌린다.

채소를 충분히 곁들여 고기의 맛을 돋보이게 한

소고기 샐러드

소고기가 삶아지는 온도는 70℃다. 70℃는 단백질이 날 것에서 익은 상태로 바뀌는 경계선이다. 완전히 익으면 수분과 함께 풍미도 날아가기 때문에 70℃ 물에 고기를 띄워 풍미를 남기면서 반만 익힌다. 이렇게 하면 고기의 식감도 부드러워지고 쫄깃해진다. 고기가 새하얗다는 것은 온도가 너무 높다는 뜻이다.

1인분
350kcal
염분 2.3g

재료(2인분)

소 도가니살(얇게 썰어서) 100g
무 40g
오이 1개
생마 50g
당근 30g
대파 ⅓개
청자소 5장
깨간장 적당량

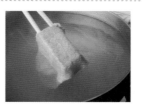

1 소고기는 70℃ 물에 붉은 기가 조금 남을 정도로 담갔다가 건져 물기를 닦아낸다.

2 무, 오이, 생마, 당근은 2.5㎝ 길이로 막대 모양으로 채 썰고, 대파는 2.5㎝ 길이로 얇게 썰어 다 같이 물에 담근 다음 건져 물기를 잘 닦아낸다.

3 믹싱볼에 1, 2, 청자소를 찢어서 넣고 전체적으로 잘 섞어서 접시에 담는다. 깨간장을 붓는다.

깨간장 만들기

간장이 베이스 소스기 때문에 어떤 재료와도 잘 맞는다. 깨의 감칠맛과 풍미가 강하기 때문에 고기 요리에 특히 잘 어울린다.

재료(만들기 편한 양)

참깨 페이스트 100g   **물·간장** 각각 ½컵   **미림** 4큰술

작은 냄비에 물, 간장, 미림을 넣고 가열하여 한소끔 끓어오르면 불을 끄고 상온에서 식힌다. 참깨 페이스트를 섞는다.

끓는 물에 재빨리 삶아 따끈따끈하게 먹는

냉 돼지고기 샤브

돼지고기를 삶는 온도는 100℃다. 돼지고기는 세균이 많기 때문에 끓는 물에 완전히 익히면서도 고기의 맛을 최대한 놓치지 않도록 얇은 고기를 사용하여 단시간에 익힌다. 새하얗게 변하면 바로 건져 올려 오래 익히지 않도록 주의하자.

무침·절임·샐러드

1인분
480kcal
염분 2.8g

재료(2인분)

돼지고기 안심(얇게 썰어서) 200g
여름철 혼합 고명(→73쪽) 적당량

생강 간장
  간장 2큰술
  육수 2큰술
  흰 통깨 2큰술
  간 양파 2작은술
  간 생강 1작은술

요리 팁

생강 간장의 상큼한 향과 알싸한 자극은 여름철에 무침이나 샐러드를 산뜻하게 먹는 데 안성맞춤이다. 다른 계절에는 폰즈, 깨 소스로 대체하는 등 채소와 소스의 조합을 자유자재로 바꾸면서 응용할 수 있다.

1 돼지고기를 끓는 물에 넣는다.

2 고기가 하얘지면 바로 건져 올려 찬물에 담근 후 건져 물기를 제거한다.

3 그릇에 2와 여름철 혼합 고명을 담고 섞어놓은 생강 간장을 둘러준다.

뜨끈뜨끈 감자와 아삭한 고명이 절묘한

감자 고명 무침

삶아서 수분을 날린 감자는 뜨끈뜨끈 부드럽다. 각이 져 있으면 이상하게 맛이 딱딱하게 느껴지고, 둥글면 풍미가 돋보이면서 더 맛있게 느껴지기 때문에 삶은 후에 냄비 안에서 데굴데굴 굴려 각을 없앤다. 고명이 전체를 잡아 주어 생각지 못한 맛이 난다.

재료(2인분)

작은 감자 2개(200g)
기본 혼합 고명(→72쪽) 적당량

검은 통깨 2작은술
소금·후추 약간씩

1인분
107kcal
염분 1.0g

1 감자는 껍질을 벗기고 네 조각으로 자른다. 삶아서 부드러워지면 물을 버리고 다시 냄비에 불을 켜서 이리저리 굴려 각을 없앤다.

2 1을 믹싱볼에 넣고 식기 전에 검은 통깨, 소금, 후추를 뿌리고 기본 혼합 고명을 더해서 전체적으로 섞는다.

요리 팁

조미료나 고명은 반드시 감자가 따뜻할 때 무친다. 그래야 맛도 향도 잘 어우러진다.

고명을 듬뿍 올려 풍미가 가득한

토마토 샐러드

순수한 채소의 맛과 고명의 맛이 잘 느껴지는 심플한 요리다. 토마토는 껍질 바로 밑에 풍미가 가득하기 때문에 여기서는 껍질을 벗기지 않고 쓴다. 약간 먹기 불편할 수도 있으니 나이프와 포크를 함께 내거나 먹기 편한 크기로 썰어서 접시에 낸다.

재료(2인분)

토마토 2개
다진 양파 4큰술
기본 혼합 고명(→72쪽) 적당량

간장 약간
참기름 약간

1인분
74kcal
염분 0.5g

1 토마토는 가로로 3~4등분으로 자르고 그릇에 담는다.

2 다진 양파를 물에 살짝 씻은 다음 물기를 제거한다.

3 토마토에 양파와 기본 혼합 고명을 올리고 간장과 참기름을 뿌린다.

유부와 참깨 소스가 포만감을 주는

경수채 유부 샐러드

요즘에는 경수채나 샐러드 시금치 등 생으로 맛있게 먹을 수 있는 잎채소가 늘고 있다. 썰기만 한 생채소에 포만감과 깊은 맛을 주는 진한 참깨 소스를 뿌리면 배불리 먹을 수 있는 만족스러운 요리가 된다. 흰 쌀밥에도 빵에도 잘 어울린다.

무침·절임·샐러드

재료(2인분)

경수채 2묶음
땅두릅나물 8cm
그린 아스파라거스 2개

유부 1장
참깨 소스(→75쪽) 적당량
소금 약간

※대용 → 경수채 대신 생으로 먹을 수 있는 잎채소는 무엇이든 좋다.

1인분
221kcal
염분 1.9g

1 경수채는 4cm 길이로 썰고 땅두릅나물은 껍질을 벗겨 길게 대충 썬다. 같이 물에 담가 아삭하게 살아나면 건져 물기를 제거한다.

2 아스파라거스는 뿌리 부근의 껍질을 벗기고 소금물에 약간 딱딱할 정도로 데친 다음 길게 대충 썬다.

3 유부는 구이망으로 굽고 1cm 폭으로 썬다.

4 1, 2, 3을 모두 합쳐 접시에 담고 참깨 소스를 뿌린다.

채소만 먹어도 큰 만족을 주는

데친 채소 간편 무침

잘 익지 않는 채소부터 시간차를 두고 끓는 물에 넣으면 냄비 하나로 데칠 수 있기 때문에 간단하다. 뜨거울 때 고명과 드레싱으로 무치면 맛이 잘 어우러진다. 또한 고명 덕분에 전체적으로 상큼한 향이 날 뿐 아니라 드레싱을 흡수하여 채소와 잘 섞인다.

재료(2인분)

파프리카(빨강·노랑·초록) 각 ½개*
호박 ½개(200g)
오크라 5~6개
영콘 6개
기본 혼합 고명(→72쪽) 한줌
소금 약간

드레싱
식용유 5큰술
식초 4큰술
간장 2큰술
참기름 1큰술
흰 통깨 3큰술

1인분
349kcal
염분 2.3g

*한 가지 색을 1½~2개 사용해도 좋다.

1 삼색 파프리카는 꼭지와 씨를 떼어 직사각형 모양으로 썰고 호박은 껍질째 초승달 모양으로 썬다. 오크라는 꼭지 부분을 깨끗하게 떼어내고 소금으로 비빈다.

2 끓는 물에 영콘을 넣고 한소끔 끓어오르면 호박을 넣는다. 또 한소끔 끓어오르면 파프리카와 오크라도 넣고, 또 끓어오르면 모든 재료를 체로 건져 물기를 제거한다.

3 채소가 뜨거울 때 기본 혼합 고명, 드레싱과 섞어서 그릇에 담는다.

만들어두면 편리한 고명과 소스

바빠도 냉장고에 요리 도우미가 될 만한 것이 들어 있으면 마음이 편하다. 일식에서는 고명과 소스가 있으면 할 수 있는 요리 종류가 자유자재로 늘어난다. 노자키 요리장이 특히 추천하는 다섯 가지 고명과 네 가지 소스를 소개하겠다.

°기본 혼합 고명

고명은 하나씩 보면 쓰고 향이 강하더라도 여러 종류를 섞으면, 각 재료의 개성이 적당히 약해져 풍미가 느껴진다. 노자키 씨는 1년 내내 구하기 쉬운 대파, 생강, 양하, 청자소, 무순을 섞어 '혼합 고명'이라고 부르고 항상 준비해둔다. 아삭한 식감, 상큼한 향과 맛은 고기든 생선이든 채소든 재료를 막론하고 궁합이 좋으며 그대로 요리에 뿌리거나 볶거나 익혀도 맛있어 아주 편리하다.

재료(만들기 편한 양)

대파 푸른 부분 ½개
생강 1쪽
양하 3개
청자소 10장
무순 1팩

1 대파는 잘게 썰고 생강은 껍질을 벗기고 잘게 다진다. 양하는 세로로 반을 잘라 잘게 썰고, 청자소는 가로로 잘게 채 썬다. 무순은 2.5㎝ 길이로 큼직하게 썬다

2 찬물에 1번의 고명을 모두 넣고 5분 동안 담가둔다. 이렇게 하면 떫은 맛이 없어지고 아삭한 식감이 좋아질 뿐 아니라 오래 보관할 수 있다.

3 물기를 말끔히 제거한 후 키친타월을 깐 보관 용기에 담아 냉장고에 넣어두면 3일~일주일 정도 보관할 수 있다.

사계절 혼합 고명

1년 내내 만들 수 있는 만능 혼합 고명도 편리하지만, 제철 재료를 사용하면 손쉽게 계절 느낌을 살릴 수 있다.

 春 싹트는 계절, 진한 초록색 채소의 쌉싸래한 맛은 몸을 일깨워준다

재료(만들기 편한 양)

대파 흰 부분 ½개	**부추** 8개	**뿌리 파드득나물** 1묶음
물냉이 잎 부분 5개	**산초나무 어린잎** 5g	

대파는 1㎝ 네모 모양으로 썬다. 나머지 채소들은 큼직큼직하게 썬다. 물에 5분 동안 담근 후 건져서 물기를 제거한다.

[용도] 영양밥에 가볍게 섞는다. 무침이나 오코노미야키 재료로 쓴다. 전골요리나 담백한 생선 조림에 뿌린다. 회에 고명으로 쓴다.

 夏 무더운 여름에는 수분이 많은 채소의 아삭한 식감이 청량감을 부른다

재료(만들기 편한 양)

오이 1개	**당근** 2.5㎝	**청자소** 5장
생마 50g	**대파 흰 부분** ½개	**무순** 약간

오이, 생마, 당근, 대파는 2.5㎝ 길이로 얇게 썬다. 청자소는 채 썰고 무순은 큼직하게 썬다. 모두 5분 동안 물에 담근 후 건져서 물기를 제거한다.

[용도] 전갱이 다타키나 돼지고기 샤브에 고명으로, 무침 재료로, 볶음 요리 마무리에 얹어서.

 秋 결실의 계절, 형형색색 다채로움과 감미로운 향기를 입힌다

재료(만들기 편한 양)

꽈리고추 10개	**무순** 1팩	**국화꽃** 2송이
양하 3개	**생강** 20g	

꽈리고추와 양하는 작게 썬다. 무순은 큼직하게 썰고 생강은 잘게 다진다. 국화꽃잎은 뜯는다. 모두 5분 동안 물에 담근 후 건져서 물기를 제거한다.

[용도] 지라시 초밥에 흩뿌려서, 달걀찜 재료로, 고명 무침에 무침 베이스로.

 **冬** 김이 모락모락 나는 요리가 그리운 계절에 향기로운 고명이 된다

재료(만들기 편한 양)

유자 껍질 1개	**쑥갓 잎** 5개	
대파 흰 부분 3㎝	**미나리** ½묶음	

유자 껍질과 대파는 채 썰고 쑥갓과 미나리는 큼직하게 썬다. 모두 5분 동안 물에 담근 후 건져서 물기를 제거한다.

[용도] 어묵이나 푹 끓인 우동, 카수 장국 고명으로, 생선 조림이나 해물 버터 구이에 뿌리는 용도로, 떡을 구울 때 김과 함께 말아서.

재료 배합은 비율로 기억해야 한다. 아주 적은 양을 만들 때나 많이 만들 때나 맛에 변함이 없기 때문에 추천한다.

⊙ 매실 소스

은은한 산미와 아름다운 빛깔을 띠는 이 소스가 있으면 요리를 상큼하게 먹을 수 있다. 회나 냉두부 소스, 소면 국물 등 깔끔한 요리는 더 깔끔하게, 고기 요리나 튀김을 먹을 때는 소화를 도와준다. 입맛이 없을 때도 자연스러운 산미가 식욕을 자극한다.

재료(만들기 편한 양)

육수 1컵	매실 절임 3개	식초 1큰술
간장 1큰술	(또는 매실살 페이스트 4큰술)	전분 1큰술

1 매실 절임은 씨를 빼고 체로 거른다.
2 작은 냄비에 거른 매실 절임을 넣고 육수, 간장, 식초를 부은 후 약불에서 잘 섞는다.
3 전분을 같은 양의 물로 풀어서 2가 끓어오르기 시작했을 때 넣고 섞은 다음 바로 불을 끈다.

요리 팁

매실 절임이나 매실살 페이스트의 염분은 그때그때 다르기 때문에 간장의 양을 알아서 조절해야 한다. 그리고 불에 올린 후에는 최대한 재빠르게 섞어야 한다. 너무 가열하면 본연의 산미가 날아간다. 냉장고에서 1주일 정도 보관할 수 있다.

매실소스 응용

◆ 매실 절임의 과육을 잘게 썰어서 만들면 '다진 매실 소스'가 된다. 매실의 식감이 살아 있기 때문에 씹을 때마다 맛의 변화를 즐길 수 있다.

◆ 매실 소스에 청자소를 적당량 채 썰어서 섞으면, 상큼한 맛이 더해져 맛이 더 다채로워진다.

⊙ 폰즈 간장

산미가 상큼한 이 소스를 뿌리면 요리의 맛을 크게 방해하지 않고 깔끔하게 먹을 수 있다. 꼭 제철 감귤을 사용해서 직접 만들어보기 바란다. 향이 풍부해서 놀랄 것이다.

재료(만들기 편한 양)

육수 간장 90㎖	식초 60㎖	감귤즙 30㎖	참기름 1큰술

1 재료를 모두 섞는다.

【용도】
◎ 전골 요리나 회에 소스
◎ 일식 샐러드 드레싱
◎ 찜, 튀김의 소스 등

요리 팁

감귤류는 단 맛이 나는 오렌지, 유자, 귤, 영귤, 청귤 등을 추천한다. 계절 감귤을 사용하면 풍미도 달라진다. 과즙과 함께 과육도 잘게 채 썰어 더하면 식감까지 달라져 맛이 풍부해진다.

⊙ 된장 소스

깊고 달짝지근한 이 소스는 흰 쌀밥에 꼭 어울리는 진한 맛이 있다. 이 소스를 베이스로 해서 여러 재료를 섞으면 다양한 맛을 만들 수 있다. 만드는 방법도 아주 간단하다. 많이 만들어서 항상 준비해두자.

재료(만들기 편한 양)

시골 된장 200g	**물** 6큰술	**미림** 2큰술
달걀노른자 1개	**설탕** 6큰술	**술** 2큰술

1 작은 냄비에 재료를 모두 넣고 나무 주걱으로 섞는다.
2 섞으면서 불을 켜고 끓어오른 후 3분 정도 더 섞는다. 이렇게 하면 재료가 섞이면서 달걀이 익고 알코올 성분도 날아간다. 식으면 보존 병에 넣는다.

【용도】

◎ 고기 요리나 생선 요리에 뿌려서
◎ 된장 볶음 조미료
◎ 꼬치 된장 베이스

◎ 빻은 산초나무 어린잎을 섞어서 새순 된장으로
◎ 식초와 연겨자를 섞어서 무침 베이스로

요리 팁

냉장고에서 1개월 정도 보관할 수 있기 때문에 많이 만들어두면 편리하다. 굳어지므로 술과 미림으로 취향이나 용도에 따라 굳기를 조절한다.

⊙ 참깨 소스

참깨의 풍미가 가득한 이 소스는 튀김 소스를 베이스로 참깨 페이스트, 마늘, 고추기름 등을 더하여 맛이 강렬하다. 샤브샤브나 소면 국물, 오차즈케(밥에 다양한 재료를 올려 녹차를 부어 먹는 일본식 밥) 등에 소스로 다양하게 쓸 수 있다.

재료(2인분)

튀김 소스	**흰 참깨 페이스트** 50g
육수 1컵	**간 마늘** 1큰술
간장 $\frac{1}{4}$컵	**고추기름** 적당량
미림 $\frac{1}{4}$컵	
가다랑어포 2g	

1 냄비에 육수, 간장, 미림을 넣고 가다랑어포를 더해 불에 올린다. 한소끔 끓어오르면 체로 거른다.
2 다른 재료를 믹싱볼에 넣고 1을 조금씩 넣어 섞는다.

【용도】

◎ 전골요리 소스
◎ 밥에 뿌려 독특한 오차즈케로

◎ 면 국물
◎ 구이 소스

요리 팁

냉장고에서 1주일 정도 보관할 수 있다. 날이 갈수록 풍미가 약해지므로 필요할 때마다 만드는 것이 좋다. 남은 튀김 소스에 참깨 페이스트와 마늘, 고추기름을 섞어서 만들 수도 있다.

신선한 생선 구별법

생선이 신선한지 아닌지가 요리의 맛을 좌우한다. 신선하면 군맛이 없기 때문에 재료의 맛을 그대로 느낄 수 있으며 조미료도 적게 들어간다. 싱싱하면 빨리 익어 가장 맛있는 상태에서 먹을 수 있다. 최근에는 신선하지 않은 생선이 적어졌지만 직접 눈으로 확인해서 고르자.

°생선 구별법

신선도는 아가미 뚜껑을 열어 아가미 색을 보면 가장 잘 알 수 있다. 신선한 생선은 혈색이 선명하고 신선하지 않으면 검붉다. 그러나 슈퍼에서는 아가미 뚜껑을 열어서 볼 수가 없기 때문에 눈이 맑은 생선을 고르면 된다. 신선도가 떨어지면 눈이 흐릿해지기 때문이다.

°토막 생선 구별법

⊙ 흰 살 생선(도미)
신선한 생선은 살이 핑크빛으로 투명한 느낌과 탄력이 있으며 껍질도 윤이 나고 팽팽하다. 신선도가 떨어지면 살에 투명한 느낌이 없어지고 껍질 색도 희끄무레해진다.

⊙ 붉은 살 생선(방어)
신선한 생선은 살에 투명한 느낌이 있고 탄력이 있으며 붉은 피 부분도 선명하다. 신선도가 떨어지면 피 부분이 검붉어진다.

⊙ 등푸른 생선(고등어)
신선한 생선은 껍질의 푸른색이 아름답고 살에 투명한 느낌이 있으며 탄력이 있다. 신선도가 떨어지면 투명한 느낌도 탄력도 모두 없어지고 전체적인 빛깔이 거무스름해진다.

흰 살 생선(도미)	붉은 살 생선(방어)	등푸른 생선(고등어)
◯	◯	◯
✕	✕	✕

제3장

술안주

재빨리 맛있게 만드는

술안주로는 꼭 정성이 들어가지 않아도 쉽게 만들 수 있으면서
센스가 돋보이는 일품이 환영받을 것이다. 마른 멸치나 건어물,
통조림 등 가공품도 이용하면서 똑똑하고 맛있게 만들어보자.

짠 맛도 신 맛도 너무 강하지 않은 신선한 맛

고등어 초절임

이 고등어 초절임은 소금과 식초만 사용하는 일반적인 방법과 조금 다르다. 처음에는 설탕으로, 다음에 소금으로 탈수를 한 다음 식초로 마무리한다. 설탕으로 먼저 불필요한 수분이 60퍼센트 빠져나간다. 설탕은 분자가 크기 때문에 설탕을 먼저 바른 다음 소금을 바르면 소금이 안으로 잘 스며들지 않아 간이 적당히 배면서 짜지 않게 된다.

1인분
288kcal
염분 1.7g

토마토 줄레를 뿌려서 더 마일드하게

토마토에는 다시마에도 있는 글루탐산이라는 맛의 성분이 있다. 이것을 젤라틴으로 굳혀 고등어와 같이 먹으면 각자의 맛이 어우러지면서 부드러워져 상큼하게 먹을 수 있다. 비린내도 느껴지지 않기 때문에 고등어 초절임을 좋아하지 않는 분에게도 추천한다.

재료(만들기 편한 양)

토마토 1개
국물용 다시마 5cm 조각 1장

가루 젤라틴 2.5g
소금 ⅓작은술

식초·국간장 ½작은술
물 150ml

1 토마토를 잘게 깍둑 썬다. 가루 젤라틴을 물 1작은술(재료표 외)에 불린다.

2 냄비에 토마토와 다시마, 물을 넣는다. 불에 올리고 끓어오르면 불을 끈다.

3 2가 식으면 체에 키친타월을 깔고 투명한 국물만 거른다.

4 소금, 식초, 국간장으로 간을 하고 젤라틴을 넣어 끓여 녹인 후 사각 철판에 넣고 식혀서 굳힌다.

재료(2인분)

고등어(3장 뜨기→80쪽) 1장(200g)
생마 50g
오크라 4개
영귤·간 생강 각 적당량
설탕·소금·식초 각 적당량

요리 팁

고등어를 식초에 장시간 담가 두면 고등어의 단백질이 가열했을 때와 똑같은 상태로 바뀐다. 고등어 초절임은 '날 것'이어야 하기 때문에 20분 정도만 식초에 담근다. 이때 키친타월을 씌워 두면 적은 양으로도 전체적으로 골고루 적실 수 있다.

1 소쿠리에 설탕을 깔고 고등어를 올린 후 설탕을 듬뿍 바른다. 40분 정도 두고 씻은 다음 물기를 닦는다.

2 넓은 접시에 소금을 깔고 1을 올린 후 소금을 듬뿍 바른 후 1시간 정도 둔다.

3 2를 씻어서 물기를 제거하고 접시에 넣어 식초를 부은 후 키친타월을 씌워서 20분 정도 둔다.

4 물기를 닦고 배 뼈를 떼어 낸다.

6 생마는 껍질을 벗기고 비닐봉지에 넣은 채로 두드려 으깬다. 오크라는 데친 후 꼭지를 떼고 칼로 잘게 다진다. 여기에 영귤, 간 생강을 곁들인다.

5 살의 양쪽을 누르고 머리 쪽부터 껍질을 벗긴다. 사이에 칼집을 하나 넣으면서 7~8 *mm* 두께로 잘라서 접시에 담는다.

3장 뜨기 방법

가정에서 생선 요리를 할 때 보통 토막으로 되어 있는 것을 쓴다. 그리고 가게나 슈퍼에서 생선을 사면 손질을 해주기도 한다.
그러나 기본 3장 뜨기만큼은 알아 두면 좋다. 잘 손질하는 비법은 여러 번 해보는 것이다. 생선의 모양을 알고 칼을 뼈에 대면서 자르면 어려
울 것이 없다. 전갱이를 예로 배워 보자. 그리고 비늘이 튀거나 피가 묻는 경우가 있으니 신문지를 크게 펼치고 작업하는 것이 좋다.

1 생선 머리를 왼쪽에 둔다. 칼을 눕혀서 꼬리부터 머리 쪽으로 단단한 비늘을 깎듯이 자른다. 뒤쪽도 똑같이 한다.

※ 이 단단한 비늘은 전갱이에만 있다. 다른 생선을 손질할 때는 이 작업이 필요 없다

2 칼끝으로 꼬리에서 머리 쪽으로 가볍게 문질러 생선 전체의 비늘을 제거한다. 뒤쪽도 똑같이 한다.

3 칼을 살짝 비스듬히 세워서 가슴지느러미 쪽으로 넣고 머리를 잘라낸다.

4 배지느러미 안쪽을 비스듬히 자르고 칼끝으로 내장을 빼낸다.

5 물속에서 배 안을 칫솔로 가볍게 문질러 피와 거무스름한 부분을 씻은 다음 껍질면, 배 안의 물기를 키친타월로 닦아낸다.

6 왼손으로 살을 누르고 배 쪽부터 칼을 눕혀 뼈 위로 넣는다. 칼의 옆면이 뼈에 닿도록 하여 앞뒤로 몇 번 반복하면서 등뼈까지 전진한다.

7 왼손으로 살을 벌리고 칼을 세워 칼끝으로 안쪽 뼈 위를 따라간다.

8 칼을 눕혀 등뼈를 따라 전진하여 위쪽 살을 가른다.

9 뒤집어서 칼을 눕혀 등지느러미 위에 댄다. 칼 옆면이 뼈에 닿게 하여 앞뒤로 몇 번 반복하면서 등뼈까지 전진한다.

10 왼손으로 살을 벌리고 칼을 세워 칼끝으로 뼈 위를 따라간다.

11 칼을 눕혀서 배 쪽 뼈를 따라 전진하고, 마지막으로 칼을 세워 칼끝으로 아래쪽 살을 발라낸다.

12 3장 뜨기 완성! 위쪽 살, 뼈, 아래쪽 살로 3장 뜨기를 한 상태.

요리 팁

이 3장 뜨기 방법은 전갱이나 정어리처럼 방추형 모양 생선에 공통으로 쓸 수 있다. 크기가 달라도 기본은 같다. 그러나 넙치나 가자미처럼 넓적한 생선은 살의 너비가 넓어서 3장 뜨기를 하기 어렵기 때문에 머리를 잘라내면 중앙 부분의 뼈 위에 세로로 칼집을 넣은 후 똑같이 떼어낸다. 위쪽 살 2장, 아래쪽 살 2장, 뼈 1장으로 총 5장이 되기 때문에 '5장 뜨기'라고 불린다.

생선의 단면도와 칼 넣는 법

사진만 보면 아리송한 칼의 움직임도 단면도로 풀어보면 잘 이해가 된다. 머리에 그림을 그리면서 반복하여 도전해보자.

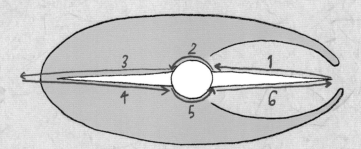

칼은 뼈를 따라 칼날이 살짝 위로 향하도록 눕힌다. 칼날을 뼈에 대는 듯한 느낌으로 몸을 중앙에 있는 등뼈까지 분리한다(1). 등뼈는 볼록하기 때문에 그 위를 그대로 따라가고(2), 다음으로 칼날을 살짝 아래로 향하도록 눕혀 뼈에 대는 듯한 느낌으로 뼈에서 분리한다(3). 뒤쪽도 똑같이 한다(4, 5, 6). 그리고 살을 분리할 때 왼손으로 벌려줘야 작업하기가 쉽다.

기본 맛에도 소스로 변화 주기

가다랑어 매실 다타키

가다랑어는 직화로 구워서 껍질 아래의 기름을 가볍게 녹이면 걸쭉해지면서 달고 맛있어진다. 구운 후 얼음물에 담그는 방법이 일반
적인데, 가정에서는 얼음물에 담그지 않고 따뜻한 채로 식초를 뿌려 두드리고 따끈따끈하게 먹어보자. 식히지 않고 먹으면 놀랄 정도
로 맛있다.

1인분
157kcal
염분 0.6g

재료(2인분)

- -

가다랑어 1토막
기본 혼합 고명(→72쪽) 적당량
다진 매실 소스(→74쪽) 적당량
식초 적당량

요리 팁

- -

'다타키'라는 이름은 구운 가다랑어에 식초를 뿌
려 손으로 두드리기 때문에 붙여졌다. 식초를 뿌
린 후 생선을 두드리면 표면의 단백질이 식초로
굳어서 막이 생겨 묽어지지 않는 효과가 있다. 또
한 식초의 풍미로 상큼하게 먹을 수 있다. 껍질면
부터 구우면 확실히 가열을 해도 적당히 절반 정
도 익은 상태가 된다.

1 구이망을 강불에 올리고 가
다랑어는 껍질면이 불쪽으로 가
게 해서 올린다. 껍질은 확실하
게, 주변은 약간 하얘질 정도로
굽는다.

2 도마에 올리고 1㎝ 두께로 썬
다. 자른 생선을 비스듬히 놓고
식초를 뿌린 후 손으로 두드려 배
어들게 한다.

3 접시에 기본 혼합 고명을 깔고
2를 담은 후 다진 매실 소스를 뿌
린다.

무더운 여름날 소주와 딱 맞는

냉국

미야자키 향토 요리로 전갱이를 듬뿍 먹을 수 있는 반찬이다. 술안주로 먹어도 좋고 술을 마시지 않는 분은 보리밥이나 흰 쌀밥에 부어서 먹어도 좋다. 여름철 요리기 때문에 물과 섞은 소주와 잘 어울린다.

재료(2인분)

전갱이(3장 뜨기) 1마리
오이 1개
두부 ½모
청자소 3장
육수 1½컵

된장 20g
흰 통깨 30g
소금 적당량
식용유 적당량

1인분
223kcal
염분 2.4g

1 전갱이는 양면에 소금 1작은술을 뿌리고 30분간 둔다. 표면을 흐르는 물에 씻고 물기를 닦는다.

2 생선 그릴을 덥힌 후 망에 식용유를 바르고 달군다. 전갱이를 올리고 양면을 바짝 구워 살을 찢는다.

3 오이는 작게 썰고 1.5% 농도 소금물에 30분간 담근 후 부드러워지면 물기를 짠다.

4 냄비에 육수를 넣고 된장을 풀어 가열한 후 한소끔 끓어오르면 불을 끄고 식힌다.

5 깨는 프라이팬으로 볶고 절구로 굵게 빻는다. 4를 조금씩 넣으면서 섞고 2와 3을 더한다. 두부를 으깨어 넣고 청자소도 찢어서 넣어 살짝 섞는다.

고소한 깨 덕분에 술이 술술

갈치 깨 튀김

'남부 센베'처럼 깨를 사용한 요리에 '남부'라는 이름을 쓸 때가 있다. 깨는 열을 금방 전하기 때문에 금방 튀겨져 갈치 맛을 풍부하게 해준다. 부피감이 있어 포만감이 들기 때문에 술대접 안주로도 손색이 없다.

재료(2인분)

갈치 100g
다시마·피망 각 적당량
박력분 적당량
달걀흰자 1개
흰 깨 50g

식용유 적당량
소금 약간

※대용 → 갈치 대신 흰 살 생선으로.

1인분
367kcal
염분 1.4g

1 갈치는 5cm 길이로 뭉텅뭉텅 썬다. 달걀흰자는 천으로 거른다. 다시마와 피망은 네모나게 썬다.

2 갈치에 박력분을 솔로 얇게 펴 바르고 달걀흰자에 담근다. 깨를 묻힌 다음 가볍게 쥐어준다.

3 식용유를 170℃로 가열하여 2를 넣는다. 깨가 적당히 노릇해지면 다시마를 넣고 튀긴 다음 같이 꺼낸다. 피망은 그대로 튀겨 흰 깨를 뿌린다.

4 접시에 담고 전체에 소금을 뿌린다.

스타트로 먹는 안주

안주로는 꼭 정성이 들어가지 않아도 센스가 돋보이는 요리가 잘 어울린다. 일단 한잔 마시는 자리에서는 섞기만 하거나 뿌리기만 하면 되는 간단한 요리를 내면 훨씬 더 환영 받는다. 재료를 심플하게 살리면서도 재빨리 만들 수 있는 술안주를 소개하겠다.

연어와 연어알로 궁합이 최고

연어 연어알 무침

1인분
117kcal
염분 1.3g

재료(2인분)

연어 회 2인분
브로콜리·연어알 각 적당량
잘게 깍둑 썬 생마 약간

잘게 깍둑 썬 오이 약간
소금·식초 약간씩

1 연어는 소금을 가볍게 뿌리고 20~30분간 둔 후 식초로 씻는다.

2 브로콜리는 잘게 찢어 살짝 데친다.

3 접시에 1과 2, 연어알을 담는다. 잘게 깍둑 썬 생마와 오이를 섞어서 얹는다.

술안주 대표, 젓갈을 무침 베이스로

오징어 젓갈 무침

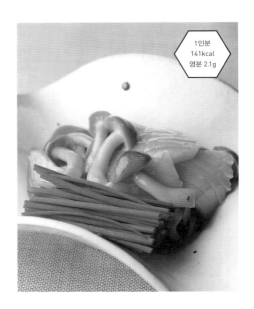

1인분
141kcal
염분 2.1g

재료(2인분)

오징어 회 2인분
만가닥버섯 ⅓팩
병에 든 오징어 젓갈 2~3큰술

골파(4㎝ 길이로 썰어서) 적당량

1 오징어 회는 60~65℃ 물에 20초 정도 담가 반만 익힌 후 차가운 물에 담갔다가 건져 물기를 제거한다.

2 만가닥버섯은 1개씩 뜯어서 살짝 데친 후 물기를 제거한다.

3 1과 2를 오징어 젓갈로 무쳐서 접시에 담는다. 골파를 곁들인다.

요리 팁

오징어 젓갈은 만들기도 간단하다. 아주 신선한 오징어 창자가 새하얘질 정도로 소금을 뿌려서 하룻밤 재우고 소금을 씻은 다음 체로 거른다. 얇게 채 썬 오징어 살이나 다리와 섞어서 하룻밤 이상 재우면 완성이다.

달걀노른자와 오크라가 걸쭉한 맛으로 섞인

가리비 오크라 무침

1인분
158kcal
염분 0.9g

재료(2인분)

회에 쓰는 가리비 관자 4개   **간 생강** 약간
오크라 5개   **간장** 약간
달걀노른자 1개

1 가리비 관자는 4조각이 되도록 손으로 찢는다.

2 오크라는 삶아서 세로로 반을 가르고 씨를 뺀 후 칼로 잘게 다진다.

3 믹싱볼에 1과 2, 달걀노른자를 넣어서 섞고 접시에 담는다. 간 생강을 올리고 간장을 톡톡 떨어뜨린다.

요리 팁

달걀노른자만으로도 풍미가 강하지만 이렇게 하면 점성이 생기면서 한층 더 풍미를 느끼게 해준다. 점성이 있는 오크라도 모두 즉석 무침 베이스로 쓸 수 있는 편리한 재료다.

올리브유로 뚝딱 만드는 서양식

도미 카르파치오

1인분
138kcal
염분 1.1g

재료(2인분)

회에 쓰는 껍질 있는 도미 한 토막   **봄철 혼합 고명**(→73쪽) 적당량
골파(3cm 길이로 썰어서) 적당량   **올리브유·소금·후추** 약간씩

1 도미는 껍질 부분을 위로 가게 해서 도마에 올리고 행주를 덮은 후 뜨거운 물을 붓는다. 껍질이 수축되면 얼음물에 담가 아주 얇게 썰어 접시에 가지런히 놓는다.

2 골파와 봄철 혼합 고명을 1 위에 흩뿌린다.

3 올리브유를 전체에 두르고 소금과 후추를 뿌린다.

채소를 듬뿍 넣어 맛이 배가 되는 전갱이

전갱이 다타키

1인분
74kcal
염분 0.6g

재료(2인분)

전갱이 1마리   **간 생강·간장** 약간씩
여름철 혼합 고명(→73쪽) 적당량

1 전갱이는 3장 뜨기(→80쪽)를 하여 잔 가시를 제거하고 머리 쪽부터 껍질을 잡아당겨 벗긴 후 세로 5mm 폭으로 자른다.

2 여름철 혼합 고명과 섞어서 접시에 담고 간 생강을 곁들인다. 간장을 뿌린다.

간을 하지 않고 섞기만 하는

잔멸치 채소 절임 무침

1인분
34kcal
염분 1.5g

재료(2인분)

잔멸치 40g
채소 소금 절임 30g
오크라 6개

1 오크라를 삶아서 세로로 반을 가른다. 씨를 빼고 잘게 썬다.

2 잔멸치, 채소 소금 절임, 1을 섞어서 접시에 담는다.

전자레인지에 돌리기만 하면 되는

감자 고명 무침

1인분
30kcal
염분 1.0g

재료(2인분)

감자 50g   **매실 소스**(→74쪽) 적당량
기본 혼합 고명(→72쪽) 약간   **김 가루** 약간

1 감자는 껍질을 벗기고 굵게 채 썬 후 랩을 씌워서 아삭한 식감이 남을 정도로 전자레인지에 1분 동안 돌린다.

2 기본 혼합 고명과 섞어서 접시에 담고 매실 소스를 뿌린 후 김 가루를 올린다.

요리 팁

감자는 수분이 많기 때문에 전자레인지로 가열하기 좋다. 물에 삶을 때보다 훨씬 빠르고 간편하다. 찜으로 하기 위해서는 수분이 도망가지 않도록 랩을 씌워야 한다.

젓갈은 가볍게 익히면 맛이 깊어진다

멸치 젓갈 무침

1인분
33kcal
염분 1.2g

재료(2인분)

마른 멸치 30g   **병에 든 오징어 젓갈** 1큰술
대파(잘게 다져서) 5cm   **시치미 고춧가루** 적당량

1 프라이팬에 마른 멸치를 볶는다. 바삭해지면 꺼내 잘게 다진 대파와 잘 섞는다.

2 오징어 젓갈을 더해서 전체적으로 섞고 접시에 담은 후 시치미 고춧가루를 뿌린다.

요리 팁

먹기 직전에 멸치를 볶아서 오징어 젓갈을 넣고 한데 섞어 바로 접시에 담자. 너무 익으면 단백질이 굳어서 딱딱해지므로 주의해야 한다.

오징어를 돋보이게 하는 고명을 듬뿍 올린

채 썬 오징어 샐러드

재료(2인분)

회에 쓰는 채 썬 오징어 2인분	드레싱
오이 ½개	**식용유** 2½큰술
대파 ½개	**식초** 2큰술
양하 2개	**간장** 1큰술
당근 약간	**참기름** ½큰술
	흰 통깨 1½큰술
	간 생강 ½작은술

1 오징어는 65~70℃ 물에 20초 정도 담가서 반만 익히고 찬 물에 담근 후 건져 물기를 제거한다.

2 오이, 대파, 양하, 당근은 채 썬다.

3 드레싱 재료를 섞는다.

4 1과 2를 합쳐서 3으로 무친다.

요리 팁

오징어를 65~70℃ 물에서 데치면 회로 먹을 때의 식감도 남아 있으면서 회보다 단 맛이 더 생긴다. 65~70℃ 물이란 손가락을 넣고 1초를 셀 수 있는 정도의 온도라고 보면 된다.

드레싱을 뿌리거나 무쳐서 만든

가리비 매실 드레싱

재료(2인분)

회에 쓰는 가리비 관자 2인분	매실 드레싱
무순 1팩	**매실살** 1큰술
싹자소(또는 청자소) ⅓팩	**달걀노른자** 1개
무(얇게 썰어서) 약간	**참기름** 1큰술
당근(얇게 썰어서) 약간	**간장** ½큰술

1 가리비 관자는 65~70℃ 물에 20초 정도 담가서 반만 익히고 차가운 물에 담갔다가 건져 물기를 닦은 후 가로로 얇게 썬다.

2 매실 드레싱 재료를 섞는다.

3 무순은 2cm 길이로 자르고, 1, 나머지 채소와 함께 담은 후 2를 두른다.

일본술이나 와인 한 잔과 어울리는

치즈 냉두부 무침

재료(2인분) -

크림치즈 3개
기본 혼합 고명(→72쪽) 한 줌
매실 소스(→74쪽) 적당량

1 크림치즈를 3cm 사각형으로 잘라서 그릇에 담는다.

2 매실 소스를 두르고 기본 혼합 고명을 얹는다.

1인분
149kcal
염분 1.2g

간단하고 빠른 안주

멸치 미역귀 무침

재료(2인분) -

잔멸치 50g
미역귀 50g
간장 약간

1 접시에 잔멸치와 미역귀를 담고 간장을 떨어뜨려 섞는다.

1인분
33kcal
염분 1.6g

입맛이 당기는 건강한 안주

햄 코울슬로

재료(2인분) -

양배추 1장   **폰즈 간장**(→74쪽) 적당량
햄 2장   **기본 혼합 고명**(→72쪽) 약간

1 양배추는 채 썰어서 물에 담갔다가 건져서 물기를 제거한다. 햄은 채 썬다.

2 1을 섞어서 접시에 담고 폰즈 간장을 두른 후 기본 혼합 고명을 얹는다.

요리 팁 -

양배추와 햄을 섞는 과정까지만 마쳐서 냉장고에 식혀두면 좋다. 먹기 직전에
폰즈 간장만 둘러 바로 낼 수 있다.

1인분
50kcal
염분 1.6g

두부는 손으로 으깨면 맛있어진다

으깬 냉두부

재료(2인분)

두부 1모
참기름·간장 각 적당량
기본 혼합 고명(→72쪽) 적당량

1인분
133kcal
염분 0.5g

1 두부는 손으로 큼지막하게 으깨 체에 올리고 한참 두어서 물기를 제거한다.

2 접시에 1을 담고 참기름과 간장을 두른 후 기본 혼합 고명을 올린다.

요리 팁

두부는 손으로 으깨면 표면적이 넓어져 풍미가 더 강하게 느껴진다. 칼로 잘랐을 때보다 훨씬 맛있어진다.

채소가 듬뿍, 고급스러운 핑거 푸드

셀러리 참치 스틱

재료(2인분)

1인분
124kcal
염분 0.9g

셀러리 적당량 **간장** 1작은술
감자 200g **다진 양파** ⅛개
기름을 짠 참치 통조림 50g

1 감자는 껍질을 벗기고 삶거나 전자레인지로 돌린다.

2 1이 식기 전에 참치, 간장과 같이 푸드 프로세서에 넣고 점성이 생길 때까지 섞는다. 푸드 프로세서가 없다면 숟가락으로 감자를 으깨서 잘 섞어준다.

3 양파를 섞어서 셀러리에 얹는다.

정성을 하나 더해서

친지나 친척 등 여럿이서 집을 찾았을 때는 집주인도 손님도 한데 모여 맛있는 음식과 함께 술 한잔 들이키고 싶은 법이다. 그럴 때는 간단하면서도 식탁을 화사하게 만드는 술안주가 안성맞춤이다. 간단하게 삶거나 휘릭 볶았을 뿐이지만 정성이 들어갔다는 인상을 준다. 잔을 한 손에 든 채 만들어도 좋다.

신선한 전갱이를 구했다면

전갱이 초절임

1인분
174kcal
염분 1.2g

재료(2인분)

전갱이(3장 뜨기) 큰 것으로 2장　　**토사초(→56쪽)** 적당량
오이 1개　　　　　　　　　　　　**소금·식초** 약간씩
양파 ½개　　　　　　　　　　　　**간 생강** 약간

1　전갱이는 소금 1작은술을 뿌리고 30분 정도 둔 후 씻어서 물기를 제거한다. 식초에 5분 정도 표면이 하얗게 될 때까지 담가 둔다.

2　1의 물기를 닦고 머리 쪽부터 껍질을 벗긴 후 먹기 편한 크기로 어슷하게 썬다.

3　오이는 얇게 썰고 양파는 잘게 썰어서 각각 물 1컵에 소금 ½작은술을 섞은 소금물에 30분 정도 담근 후 물기를 짠다.

4　2와 3을 그릇에 담고 토사초를 두른 후 간 생강을 곁들인다.

갓 삶은 고기를 보드랍게 먹고 싶다면

삶은 돼지고기 매실 무침

1인분
250kcal
염분 1.6g

재료(2인분)

돼지고기 삼겹살(얇게 썰어서) 120g　　**매실 소스(→74쪽)** 적당량
브로콜리 ½개　　　　　　　　　　　　**소금** 약간

1　돼지고기는 반으로 자르고 끓는 물에 삶는다. 색이 희끄무레해지면 바로 꺼내 찬물에 살짝 담근 후 건져 물기를 제거한다.

2　브로콜리는 잘게 찢어서 소금을 넣은 뜨거운 물에 약간 딱딱하게 데친다.

3　그릇에 1, 2를 담고 매실 소스를 두른다.

해물이 듬뿍, 만족도 듬뿍

데친 문어 오징어 무침

1인분
127kcal
염분 2.5g

재료(2인분)

생 문어다리　200g
화살오징어 몸통　절반
기본 혼합 고명(→72쪽)　한 줌

매실 소스
　매실살　2큰술
　간장　1큰술

1　문어다리는 흡반을 긁어내고 얇게 썰어서 체에 올려 65~70℃ 물에 30초~1분 정도 담가 반만 익힌 후 찬물에 담근다. 흡반은 먹기 좋게 썰고 끓는 물에 데친다.

2　오징어 몸통은 껍질을 벗기고 겉면에 어슷하게 격자 무늬로 칼집을 낸 후 한 입 크기로 썬다. 체에 올려 65~70℃의 끓는 물에 넣고 반만 익었을 때 꺼내 차가운 물에 담근다.

3　접시에 1과 2를 담고 기본 혼합 고명을 올린다. 매실 소스 재료를 섞어서 두른다.

연어로 돌돌 만 채소

연어 마리네이드

1인분
354kcal
염분 1.6g

재료(2인분)

회에 쓰는 연어　2인분
소금·식초　약간씩

마리네이드 액체
　올리브유　¼컵
　참기름　¼컵
　소금　⅜작은술
　간 양파　35g
　간 오이　35g

1　연어는 얇게 소금을 뿌리고 20~30분 정도 둔 후 식초로 씻는다.

2　마리네이드 액체 재료를 섞어서 1을 담그고 1시간 정도 둔다.

3　그릇에 2를 펼쳐서 담는다.

팬 하나로 만들 수 있는

꽈리고추 멸치 무침

1인분
56kcal
염분 1.0g

재료(2인분)

꽈리고추　15개
마른 멸치　15g
기본 혼합 고명(→72쪽)　30g

폰즈 간장(→56쪽)　적당량
식용유　1작은술

1　꽈리고추는 절반 길이로 자른다.

2　팬에 식용유를 두르고 꽈리고추를 볶아 어느 정도 익으면 마른 멸치도 더해서 가볍게 볶는다. 여기에 고명도 섞는다.

3　그릇에 담고 폰즈 간장을 두른다.

소금 구이가 남았을 때

꽁치 고명 무침

1인분
207kcal
염분 1.7g

재료(2인분)

꽁치 1마리
가을철 혼합 고명(→73쪽) 적당량
소금·간장 약간씩

1 꽁치는 비늘을 긁어내고 머리를 자른 후 내장을 제거한다(→105쪽). 소금을 뿌리고 20~30분간 둔다.

2 그릴 또는 구이망에 놓고 간장을 전체적으로 떨어뜨려 바싹 굽는다.

3 꽁치 등뼈를 제거하고 가시들을 뗀 다음 큼직하게 썬다. 접시에 담고 가을철 혼합 고명을 올린다.

절임 대신 먹을 수 있는

가지 짜사이 고명 무침

1인분
63kcal
염분 2.3g

재료(2인분)

가지 2개
병에 든 짜사이 50g
가을철 혼합 고명(→73쪽) 한 줌
백반 1작은술
간장·참기름 각 적당량

1 가지는 꼭지를 떼고 세로로 반을 가른다.

2 냄비에 물 1ℓ를 끓여 백반을 풀고 가지 껍질이 밑으로 오게 해서 넣은 후 냄비보다 작은 뚜껑을 덮어 2~3분간 데친다. 체로 건져 올리고 다른 체를 위에 올려 사이에 끼도록 하여 물기를 제거하고 식을 때까지 둔다. 한 입 크기로 어슷하게 썬다.

3 짜사이는 큼지막한 한 입 크기로 썬다.

4 가을철 혼합 고명 절반은 그릇에 깔고, 나머지와 2와 3을 같이 무쳐서 올린다. 간장과 참기름을 1 : 1 비율로 섞어서 두른다.

개성이 강한 등푸른 생선은 진한 드레싱으로

전갱이 카르파치오

1인분
165kcal
염분 2.1g

재료(2인분)

회에 쓰는 전갱이 2인분
골파 적당량
소금·식초 약간씩

드레싱
간장·식용유 각 1큰술
후추 약간
완두콩 20g
생강 1쪽
달걀노른자 1개

1 전갱이는 소금을 가볍게 뿌리고 20~30분간 둔 후 식초로 씻는다.

2 드레싱으로 쓸 완두콩은 삶아서 잘게 다진다. 생강도 잘게 다진다. 달걀노른자는 내열 용기에 담아 풀고 랩을 씌워 전자레인지에 1분간 돌린 후 체로 거른다. 나머지 드레싱 재료를 섞는다.

3 골파는 잘게 썰어서 접시에 깔고 1을 가지런히 놓은 다음 2를 올린다.

건어물이 조미료로

정어리 꽈리고추 볶음

재료(2인분) --------------------------------------

통으로 말린 정어리 2개   **국간장** 1작은술
꽈리고추 6개   **흰 통깨** 1큰술
쪽파 1개   **식용유** 1작은술

1 말린 정어리는 구워서 살을 찢는다. 쪽파는 3㎝ 길이로 자른다.

2 팬에 식용유를 둘러 달구고 꽈리고추를 볶는다. 꽈리고추가 익으면 정어리,
  쪽파 순서로 넣어서 볶는다. 국간장, 흰 통깨를 뿌리고 한데 섞는다.

1인분
79kcal
염분 1.0g

너무 익히지 않는 것이 포인트

볶은 오징어 무 조림

재료(2인분) --------------------------------------

오징어 몸통 100g   **소금** ⅛작은술
무 100g   **후추** 약간
무청 60g   **레몬즙** 1작은술
홍고추 2개   **참기름** 1큰술

1 오징어와 무는 5㎝ 길이로 썬다. 오징어는 굵게 채 썰고 무는 성냥개비 사이
  즈로 썬다. 무청은 잘게 썬다. 홍고추는 씨를 제거한다.

2 팬에 참기름을 두르고 뜨거워지면 오징어를 아주 강한 불에 단숨에 볶는다.
  노릇하게 구워지면 무, 무청, 홍고추를 넣고 가볍게 볶는다.

3 무가 약간 부드러워지면 소금, 후추를 뿌리고 레몬즙을 두른다.

1인분
137kcal
염분 1.4g

도쿠리의 맛이 좋아지는 겨울 술안주

굴 버터 구이

재료(2인분) --------------------------------------

굴 10개   **박력분** 약간
겨울철 혼합 고명(→73쪽) 적당량   **버터** 1½큰술
김가루 약간   **간장** 1작은술
간 무 적당량   **식용유** 2작은술

1 굴은 간 무로 문지르고 물에 넣어 씻은 다음 체에 올려 물기를 제거한다. 물
  기를 완전히 닦아냈으면 박력분을 묻힌다.

2 팬에 식용유를 두르고 1을 넣어 노릇하게 굽는다.

3 2에서 팬에 남은 기름을 키친타월로 닦고 버터를 넣어 녹으면 간장을 넣고
  섞는다.

4 그릇에 겨울철 혼합 고명을 담고 3을 올린 후 김가루를 뿌린다.

1인분
158kcal
염분 1.2g

단숨에 볶아 가지의 수분을 남긴다

다진 닭고기 가지 볶음

1인분
191kcal
염분 1.1g

재료(2인분)

다진 닭고기 50g	**미림** 1큰술
가지 1개	**간장** 1큰술
청고추 2개	**설탕** 1큰술
술 1큰술	**식용유** 1큰술

1 다진 닭고기는 체에 올려 끓는 물에 살짝 담갔다가 꺼내 물기를 제거한다.

2 가지는 대강 썰고 청고추는 잘게 썬다.

3 팬에 식용유를 두르고 뜨거워지면 가지와 청고추를 볶은 후 다진 닭고기를 넣고 섞는다. 술, 간장, 미림, 설탕을 넣고 다 같이 볶는다.

밥반찬으로도 먹을 수 있는

바지락 볶음

1인분
44kcal
염분 2.4g

재료(2인분)

바지락 500g	**국간장** 1작은술
실곤약 150g	**식용유** 1작은술
기본 혼합 고명(→72쪽) 한 줌	**소금·후추** 약간씩

1 바지락은 바닷물 정도 되는 염도의 소금물에 넣어 모래를 제거하고 껍데기를 서로 문지르며 씻는다. 냄비에 물을 가득 담고 바지락을 넣어 끓인다. 물이 끓어 껍데기가 벌어지면 바로 체로 건져 살을 분리한다.

2 실곤약은 삶아서 거품을 걷어내고 먹기 좋게 자른다.

3 팬에 식용유를 두르고 2를 볶는다. 기름이 골고루 잘 배어들면 1도 같이 넣어서 볶고 기본 혼합 고명도 더한 후 후추를 뿌린다. 재료를 가장자리로 보내고 팬 가운데 국간장을 떨어뜨려 간장이 약간 끓어오르기 시작하면 재료를 가져와 가볍게 섞는다.

손으로 들고 먹어도 재미있는

다진 닭고기 양상추 유부 쌈

1인분
457kcal
염분 2.5g

재료(2인분)

다진 닭고기 200g	**술** 2큰술
유부 4장	**간장** 2큰술
양상추 적당량	**설탕** 2큰술
기본 혼합 고명(→72쪽) 적당량	**식용유** 1큰술

1 다진 닭고기는 체에 올려 끓는 물에 살짝 담가 익힌다.

2 작은 냄비에 식용유를 두르고 1을 넣어 젓가락으로 섞으면서 볶다가 술, 간장, 설탕을 더해 마저 볶아 소보로를 만든다.

3 유부는 양면을 석쇠로 구워 반으로 자른 후 한쪽 면만 붙어 있게 남겨 두고 나머지 면은 잘라 펼친다.

4 기본 혼합 고명과 2를 섞어서 접시에 담고 양상추와 유부로 취향에 따라 쌈을 싸서 먹는다.

직화로 구운 전갱이에 마를 갈아 올려서

마에 빠진 전갱이

재료(2인분)

전갱이(3장 뜨기) 큰 것 2장   **소금** 약간
생마 100g   **간장** 약간
간 생강 적당량   **식용유** 약간
그린 아스파라거스 적당량

1인분
149kcal
염분 1.7g

1 전갱이는 소금을 뿌리고 30분 정도 둔 후 씻어서 물기를 제거한다.

2 그릴 구이망에 식용유를 바르고 달구어 충분히 뜨거워지면 전갱이 껍질 면
   을 가볍게 구운 다음 찬물에 담근 후 바로 물기를 제거한다.

3 생마는 갈고 아스파라거스는 삶아서 절반 길이로 자른다.

4 전갱이를 1cm 정도 두께로 잘라서 그릇에 담고 간 마를 올린다. 간 생강과
   아스파라거스를 곁들이고 간장을 떨어뜨려 마무리한다.

치즈에 자소를 끼운 퓨전 스타일

정어리 자소 치즈 구이

재료(2인분)

통째로 말린 정어리 2마리
슬라이스 치즈 2장
청자소 3장

1인분
79kcal
염분 0.9g

1 말린 정어리는 머리와 꼬리를 떼고 생선 그릴에 굽는다.

2 치즈를 반으로 잘라 하나를 올리고, 살짝 녹으면 청자소를 반으로 찢어 하
   나씩 그 위에 올린다. 나머지 치즈 반 장을 제일 위에 올리고 빠르게 굽는다.

고소한 냄새에 술이 술술 넘어가는

벚꽃새우 오코노미야키

재료(2인분)

반죽   **벚꽃새우** ½컵(20g)
  달걀 1개   **봄철 혼합 고명(→73쪽)** 한 줌
  물 ½컵   **식용유·간장** 약간씩
  박력분 ½컵
  국간장 2작은술

1인분
194kcal
염분 1.4g

1 달걀을 깨서 풀고 물, 박력분, 국간장을 넣고 섞다가 벚꽃새우, 봄철 혼합 고
   명까지 모두 넣어 골고루 섞는다.

2 팬에 식용유를 두르고 1을 동그랗게 부은 다음 뚜껑을 덮는다. 표면에 기포
   가 올라오면서 끓어오르면 뒤집어서 굽는다.

3 2의 표면에 솔로 간장을 바르고 6등분해서 접시에 담는다.

바다의 맛이 입안 가득 퍼지는 완자

가리비 떡

재료(2인분)

통조림 가리비 관자 70g   **찹쌀가루** 50g
가리비 통조림 국물 60㎖   **간장** 적당량

1 가리비 통조림 국물, 찹쌀가루를 믹싱볼에 넣고 잘 반죽하여 부드럽게 만든다.

2 가리비 관자를 섞고 한 입 크기로 동그랗게 빚은 다음 5분 정도 삶는다.

3 그릇에 담고 간장을 뿌린다.

요리 팁

통조림에 따라 관자나 국물의 양이 다르다. 국물이 부족할 때는 물을 더해도 좋다. 그릇에 담고 맑은 국 베이스(→43쪽)를 부어 국으로 만들어도 좋다.

1인분
96kcal
염분 0.8g

단무지의 염분과 풍미가 신의 한 수

맛버섯 단무지 무침

재료(2인분)

맛버섯 80g   **청고추** 2개
단무지 60g   **흰 통깨·간장** 약간씩

1 맛버섯은 가볍게 씻어 물기를 제거한다. 단무지는 1㎝ 길이로 네모나게 썰고 씻은 후 물기를 제거한다.

2 청고추는 살짝 데쳐 잘게 썬다.

3 1과 2, 통깨와 간장을 섞어서 그릇에 담는다.

1인분
63kcal
염분 1.2g

담백한 생선에 카레가 포인트

황새치 카레 튀김

재료(2인분)

황새치 2토막   **카레 가루** 1큰술
호박·캐슈넛·고수 각 적당량   **식용유** 적당량
박력분 3큰술

1 황새치는 막대 모양으로 자른다. 호박은 초승달 모양으로 얇게 썬다.

2 캐슈넛은 프라이팬에 볶는다.

3 박력분과 카레 가루를 섞어서 솔로 황새치에 얇게 펴 바른다. 170℃로 가열한 식용유에 넣고 바삭하게 튀긴다. 호박도 그대로 튀긴다.

4 그릇에 2와 3을 담고 고수를 뿌린다.

1인분
244kcal
염분 0.2g

모든 재료가 빨리 익는

참치 오색 볶음

재료(2인분)

참치 통조림 90g
파프리카(빨강·노랑·초록) 각 ⅓개
양파 ⅓개

국간장 1작은술
식용유 1작은술

1인분
107kcal
염분 1.2g

1 파프리카와 양파는 2cm로 네모나게 썬다.

2 팬에 식용유를 두르고 뜨거워지면 1을 볶는다. 기름이 골고루 배면 참치를
넣고 더 볶다가 국간장으로 간을 한다.

요리 팁

참치 통조림에는 종류가 많다. 기름이 없는 것, 기름이 적은 것, 염분의 양이나
참치의 종류가 다른 것도 있다. 통조림에 따라 취향껏 소금을 조절하자.

재료를 바꾸면 변형도 무궁무진

닭 표고버섯 구이

재료(2인분)

닭다리 살 180g
생 표고버섯 2개
무(5㎜ 두께, 반달 모양) 4개

소금 적당량
후추 약간
청귤(반달 모양) 2조각

1인분
253kcal
염분 2.3g

1 닭고기는 6등분하여 비스듬히 썰고 소금을 뿌려 15분간 둔다. 표고버섯은
줄기를 떼고 반으로 어슷하게 썬다.

2 무 2개는 잘린 면 쪽에 꼬치 2개를 꽂아 고정시킨 후 무와 무 사이에 닭고기
와 표고버섯을 교대로 넣는다. 다른 꼬치 2개로 재료들을 가두듯 무 위쪽에
꽂는다.

3 소금, 후추를 뿌리고 생선 그릴(또는 구이망)로 양면을 바싹 굽는다.

4 꼬치와 무를 빼고 접시에 담아 청귤을 곁들인다.

절임과 통조림으로 만드는 간단한 안주

고등어 배추 절임 말이

재료(2인분)

물에 싱겁게 익힌 고등어(통조림) ⅓통
배추 절임 3장
시치미 고춧가루 적당량

1인분
125kcal
염분 0.5g

1 배추 절임을 펼쳐서 고등어를 싼다.

2 먹기 좋은 크기로 잘라서 접시에 담고 시치미 고춧가루를 뿌린다.

플레이팅의 기본

요리는 아름답고 먹기 좋게 담겨 있으면 더 맛있게 보인다. 일본에는 젓가락 문화가 있기 때문에 일본의 플레이팅에는 자연스레 '그릇', '요리', '목적', 각각에 정해진 법칙이 있다. 그러나 그 법칙도 원래는 합리적인 원칙에서 생겼기 때문에 한 번 이해하면 응용하기도 쉽고 자신만의 스타일을 만들 수 있다. 기억해둬야 할 포인트를 소개하겠다.

°플레이팅을 할 때 고려할 점

1. 무엇보다 먹기 편해야 한다

음식을 먹을 때는 젓가락 한 쌍으로 요리를 집는다. 따라서 젓가락의 동선이나 집기 편한 위치를 염두에 두고 담는 것이 무엇보다 중요하다. 즉, 먹기에 편해야 한다는 뜻이다.

오른손잡이는 긴 젓가락을 자연스레 왼쪽에서 오른쪽으로 움직인다. 일단 '먼 쪽에서 가까운 쪽으로'가 중요하다. 먼 쪽은 높게, 가까운 쪽은 낮게 담는다. 예를 들어, 회는 왼쪽 먼 곳에 담고 와사비나 간장 등은 오른쪽 가까운 곳에 놓는다. 이렇게 하면 오른쪽 가까운 곳에 있는 와사비를 먼저 집어서 회에 올리고 간장에 찍어 입으로 가져가는 움직임이 물 흐르듯 자연스레 이루어진다. 그 밖에도 생선은 머리를 왼쪽, 꼬리를 오른쪽에 놓아야 젓가락으로 살을 집기 편하다. 밥을 왼쪽에 두고 된장국을 오른쪽에 두는 이유도 집는 횟수가 많은 주식에 손이 닿기 편해야 하기 때문이다. 이처럼 먹을 때의 상황을 생각하면 접시에 담는 위치, 재료 사이즈, 테이블에 놓는 위치 등이 자연스레 결정된다.

2. 아름다움을 표현

서양 요리에서는 '평면·대칭'을 중시해 음식을 깔끔하게 담는 반면 일식에서는 '입체·비대칭'을 중시해 담는다. 자연을 그대로 비추듯 내추럴하고 역동적으로 담는 것이다. 네모난 접시에는 동그랗게 담아 직선과 곡선이 어우러지게 한다. 3과 5처럼 홀수 담기를 중시하는 것도 그 때문이다.

그 밑바탕에는 오래 전부터 전해지는 '음양오행'이라는 철학이 깔려 있다. 이는 만물을 '음(陰)'과 '양(陽)'으로 구분하는 사고다. 예를 들어, 여성, 달, 사각형, 짝수는 '음', 남성, 태양, 동그라미, 홀수는 '양'으로 본다. 회를 담을 때는 주인공인 다랑어를 3조각(양) 담았다면 오징어는 2조각(음) 곁들여서 모두 합쳐 5조각(양)을 네모난 접시(음)에 담는다. 음과 양이 조화를 이루면 균형이 좋아지고, 균형이 좋으면 안정되게 보여 아름답다고 느낀다. 나뭇잎이나 나뭇가지에 달린 열매 등을 이용하면 자연의 계절감이 느껴지면서도 입체감을 줄 수 있다.

°플레이팅 테크닉

둥근 접시에는 네모난 음식, 각진 접시에는 동그란 음식을 담는다

◉ 연두부를 예로
동그랗게 모양을 잡은 쑥두부는 각진 접시에, 네모난 두유 두부는 동그란 접시에 담는 것이 기본이다. 네모난 접시에 동그란 쑥두부를 담으면 사각형인 두유 두부를 담을 때보다 여백이 강조되어 아름답게 보인다. 동그란 접시도 마찬가지다. 동그란 접시에 동그란 음식, 각진 접시에 네모난 음식을 담으면 여백에 긴장감이 없어서 아름답지 않다.

여기서는 모양을 잘 알 수 있도록 연두부를 예로 들었는데, 여러 술안주에도 적용할 수 있다. 각진 접시에는 동그랗게 모양을 만들어 담고, 동그란 접시에는 사각 모양(또는 삼각 모양)으로 만들어 담는 것이 기본이다.

사발에는 산 모양으로 담는다

⊙ 무침을 예로

채소 무침처럼 이렇다 할 특정한 모양이 없는 요리를 대충 담으면 난잡해 보여 아름답지 않다. 이런 요리는 산 모양으로 담는다. 접시 바닥을 중심으로 아주 자연스럽게 산처럼 우뚝 솟은 모양으로 담는다. 접시까지 포함해서 전체적으로 삼각형이 조화를 이루고 있기 때문에 안정감이 있다. 긴 나무젓가락으로 요리를 옮기는 과정에서 산 모양으로 봉긋하게 접시에 담는다.

먼 쪽은 높게, 가까운 쪽은 낮게

⊙ '회 모둠 3종'을 예로

1인용 '회 모둠 3종'을 예로 들겠다. 전부 다 다르게 써는 것이 회의 기본이다. 여기서는 다랑어는 '평썰기', 도미는 '어슷썰기', 오징어는 '장식 썰기'로 썬다. 각 회를 홀수로 준비해서 동그란 접시에 담는다. 접시의 전체 면을 쓰지 않고 중심에 삼각형으로 선을 잇듯이 담으면 주위에 여백이 생겨 더 맛있게 보인다. 생선을 맛있게 먹을 수 있는 채소와 와사비 등의 향신료만 곁들여도 충분하다. 해초나 향미료를 많이 깔지 말고 깔끔하게 담자.

1 부드러운 다랑어는 두껍게 '평썰기'를 하여 씹는 맛이 있게 한다. 3조각을 준비한다. 두꺼워서 전체적으로 지탱하는 역할을 하기 때문에 접시 왼쪽 바깥쪽에 1조각을 놓는다.

2 나머지 2조각을 쌓는다. 청자소를 기대어 세워서 다랑어의 붉은빛이 돋보이게 한다.

3 도미는 얇고 폭이 넓게 비스듬히 썬다. 그러면 오도독 씹는 맛이 있는 살이 먹기 편해진다. 3조각 준비한다. 다랑어 왼쪽 앞에 각도를 바꿔서 가로 위치에 가지런히 놓는다.

4 오징어는 말아서 얇게 칼집을 낸 '장식 썰기'를 한다. 도미 옆에 각도를 바꿔서 놓는다. 나선형으로 썬 오이와 당근을 올린다.

5 방풍잎을 곁들이고 오른쪽 가까운 곳에 와사비를 곁들여 완성한다. 입체적이고 역동적이며 리듬감이 있다.

°접시와 요리의 조화

일본에서는 각 요리에 맞는 그릇에 담기 때문에 식탁에 색이나 형태, 모양이 다른 접시가 놓인다. 그러나 접시의 종류가 각양각색이라 어떻게 골라야 할지 고민될 것이다.

여기서 중요한 것은 요리가 아름답게 보여야 한다는 점이다. 뭉뚱그려 말하자면 '색이 알록달록한 재료를 쓴 요리는 흰 접시에', '빛깔이 적은 요리는 색이나 그림이 들어간 접시에'를 기본으로 한다.

근래 들어 흰 접시가 인기가 많다. 아마 유통이 발달되면서 신선한 식재료를 구하여 다채로운 색을 살린 요리를 만들 수 있게 되었기 때문이 아닐까? 옛날에는 알록달록 화려한 접시로 재료의 색을 커버했던 것일지도 모른다.

흰 접시에는 알록달록한 요리를

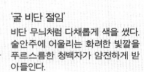

'아귀 간 두부'
두부의 열은 핑크색으로는 전체가 흐릿하여 식욕을 돋우지 못한다.

'식초 소스를 뿌린 새우'
보리새우에 컬러풀한 파프리카를 곁들이고 걸쭉한 소스를 둘렀다. 백자 그릇을 새하얀 도화지로 생각해서 여백을 절반 정도 남기고 담으면 색채미가 돋보인다.

'굴 비단 절임'
비단 무늬처럼 다채롭게 색을 썼다. 술안주에 어울리는 화려한 빛깔을 푸르스름한 청백자가 얌전하게 받아들인다.

'게 초절임'
불그스름한 게살에 녹색 시금치. 색의 대비가 확실하다. 그래서 덤벙 다완 마름모꼴 사발에 담았다. 정갈하게 놓인 재료와 사발의 모양 대비가 개성이 넘친다.

무늬가 있는 접시에는 심플한 빛깔의 요리를

'냉두부'
접시 무늬가 파란색과 흰색이 또렷하게
구분되어 있어 개성이 넘친다. 고명 색깔
만 들어간 흰색이 잘 어울리며 청량감이
느껴진다.

백자 그릇에서는 빛깔이 도
드라졌던 '식초 소스를 뿌
린 새우'를 무늬가 있는 접
시에 담아보았다. 화려한
무늬 때문에 재료의 색이
칙칙해 보인다.

'채소 조림'
큼직하게 썰어 만든 소박한 조림을 붉은
무늬가 화려한 사발에 투박하게 담았다.
초록색 꼬투리 강낭콩이 조화를 도와주
는 역할을 한다.

'순무 버섯 국'
흰색 순무와 갈색 만가닥버섯의 빛깔이
수수하다. 그릇의 샛노란 색이 두드러져
고급스럽다.

°원플레이트로 만드는 파티 느낌

홈파티 등에서는 원플레이트 스타일을 하면 보기에도 근사하고 아주 편리하다. 하지만 담음새가 난잡하고 정신이 없으면 흥이 깨진다. 요리의 종류나 접시 모양, 크기에 따라 다르지만 기본을 확실히 잡아두자. 칸이 나뉘어 있는 접시가 있다면 음식을 담기가 편하다.

왼쪽 바깥을 높게 하여 입체감 살리기

달걀말이
데친 머위
달콤한
보리새우 조림
도미 새순 구이
배추 절임
다시마 조림
삶은 대합
양배추
으깬 두부 무침
게살 오이 말
멸치밥

밥과 반찬 2인분을 함께 크고 각진 접시에 담는다. 담는 순서는 일반적인 방법과 마찬가지로 왼쪽 바깥부터 시작한다. 젓가락으로 집기 쉽도록 배려한다. 이는 작은 접시에 1인분을 담을 때도 마찬가지다.

처음에는 쌓기 쉬운 요리를 놓는다. 여기서는 달걀말이를 놓았다. 2인분이지만 높이를 강조하기 위해 3개를 쌓고 푸른색을 기대어 세워 입체감을 표현했다. 음식은 종류별로 담는 방향을 조금씩 바꿔서 움직임을 표현하며 맛이 섞이지 않도록 배려한다. 리듬감이 나오고 활력이 넘쳐 먹음직스러워 보인다. 마지막으로 기둥 모양 멸치밥을 앞쪽에 놓는다.

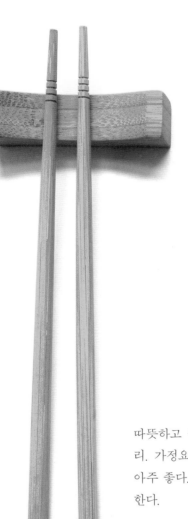

제4장

구이 튀김

메인 요리가 되는

따뜻하고 풍성하며 밥에 자꾸 손이 가게 만드는 구이나 튀김 요리. 가정요리의 메인 요리가 되기 때문에 레퍼토리가 늘어난다면 아주 좋다. 오늘 저녁 반찬을 고를 때 도움이 되는 요리들을 소개한다.

속은 폭신폭신 껍질은 바삭바삭한

전갱이 소금 구이

생선을 한 마리 통째로 식탁에 놓으면 기분이 좋아진다. 생선을 통째로 요리하면 부위에 따라 다른 맛을 맛볼 수 있다. 그러나 굽기 전에 칼로 비늘과 내장을 제거하는 작업이 필요하다. 전갱이는 다른 생선들처럼 방추형이기 때문에 여기서 소개하는 손질법을 꼭 기억하자. 지금은 슈퍼나 생선 가게에서 손질을 해주기 때문에 살 때 부탁하는 것도 한 방법이다. 소금 구이는 심플한 만큼 눈이 맑고 신선한 생선을 고르는 것이 중요하다.

1인분
146kcal
염분 2.8g

재료(2인분)

전갱이 2마리
간 무·레몬(반달 모양) 각 적당량
소금 적당량
식용유 적당량

*보슬보슬한 소금보다는 잘 들러붙는 약간 거친 소금을 쓴다. 구웠을 때 보기가 좋다.

※대용 → 전갱이는 정어리나 고등어 등 통째로 먹는 생선으로

1 먼저 배에 붙어 있는 단단한 비늘을 제거한다. 칼을 눕혀서 꼬리가 붙은 곳에서 가슴지느러미 쪽을 향해 잘라나간다. 반대쪽도 똑같이 한다.

2 비늘을 제거한다. 꼬리에서 머리 쪽을 향해 칼끝을 작게 움직이면서 긁는다. 생선 몸통 전체를 긁어 비늘을 제거한 후 흐르는 물에 씻는다.

3 아가미를 제거한다. 손가락으로 아가미 뚜껑을 활짝 벌리고 칼날을 위로 향해 안으로 집어넣는다.

4 칼끝을 90도 정도 돌려서 아가미가 붙은 곳을 도려내어 그대로 꺼낸다.

5 내장을 제거한다. 전갱이를 세로로 놓고 배지느러미 안쪽으로 칼을 절반 정도 넣어 오른쪽으로 움직여 내장을 꺼낸다.

6 흐르는 물에 아가미뚜껑과 배 속을 씻은 후 물속에서 칫솔을 사용해 핏자국을 깨끗하게 씻는다.

7 머리와 꼬리를 잇는 중심선에 가로로 일자 칼집을 내고, 또 비스듬히 두세 개 칼집을 더 낸다. 반대쪽도 똑같이 한다. 이렇게 하면 잘 익는다.

8 전체에 소금을 뿌리고 특히 가슴지느러미, 꼬리지느러미에는 소금을 많이 쳐서 화장염을 한다.

9 생선 그릴 망에 식용유를 바르고 불에 달군다. 전갱이 머리를 왼쪽으로 해서 두고 중불로 양면을 바싹 굽는다. 그릇에 담고 간 무와 레몬을 곁들여 먹는다.

살이 통통하게 오른 부드러운 생선 살에 달짝지근한 소스를

금눈돔 양념 구이

양념 구이(쓰케야키)란 소스에 담가 둔 재료를 굽는 요리를 말한다. 일반적으로 생선을 구울 때는 미리 소금을 쳐두는 것이 기본인데, 양념 구이를 할 때는 그럴 필요가 없다. 소스의 염분으로 불필요한 생선의 물기가 빠져나가 적당하게 짠 맛이 난다.

1인분
156kcal
염분 0.6g

재료(2인분)

금눈돔 2토막
식용유 약간

양념
  술 ¼컵
  미림 ¼컵
  간장 ¼컵

※대용 → 금눈목은 삼치나 도미 등 흰 살 생선으로

요리 팁

생선 양념 구이용 소스는 술 1, 간장 1, 미림 1이 기본 배합 비율이다. 이 배합을 기억해두면 응용할 수 있어 편리하다. 술이나 미림은 금방 타기 때문에 굽는 동안 수시로 상태를 확인하자. 탈 것 같은 부분은 알루미늄 포일을 씌워 조절한다.

1 작은 믹싱볼에 양념 재료를 섞고 금눈돔을 20~30분 동안 재워둔다.

2 그릴 구이망에 식용유를 바르고 불에 충분히 달군다. 금눈돔 양념의 물기를 떨구어내고 그릇에 담을 때 위에 올 부분이 불쪽으로 가게 하여 망에 올리고 굽는다. 중간에 타기 시작한 부분은 알루미늄 포일을 씌워 양면을 굽는다.

향긋한 유자의 향을 씌워 품격 있는 맛으로

삼치 유자 구이

기본 소스에 유자를 넣어 풍미를 더한 양념 구이 응용이다. 향이 은은하게 나기 때문에 개성이 강한 생선보다 삼치나 도미, 대구 등 고급스러운 흰 살 생선이 잘 어울린다.

1인분
182kcal
염분 0.6g

재료(2인분)

삼치 2토막
유자(얇게 썰어서) 2장
미림 적당량
식용유 약간

양념
 술 ⅓컵
 미림 ⅓컵
 간장 ⅓컵

※대용 → 삼치는 도미나 금눈돔 등 흰 살 생선으로

요리 팁

이 양념은 유자가 들어가기 때문에 유안지라고 부른다. 유자를 추가해도 양념 배합은 술 1, 미림 1, 간장 1이다. 그 밖에 산초나 청자소, 홍고추 등 향이 강한 재료를 더하면 다양한 구이 요리를 즐길 수 있다. 취향에 따라 레퍼토리를 늘리면 좋을 것이다.

1 작은 믹싱볼에 양념 재료를 섞고 삼치를 넣은 후 얇게 썬 유자를 올리고 20~30분간 재운다.

2 그릴 구이망에 식용유를 바르고 불에 충분히 달군다. 삼치 양념의 물기를 떨구어내고 그릇에 담을 때 위에 올 부분이 불쪽으로 가게 하여 망에 올리고 양면을 굽는다.

3 솔로 표면에 미림을 바르고 마를 정도로만 굽는다.

고급스러운 풍미가 있는 흰 살 생선에 백된장으로 깊은 맛을 낸

대구 사이쿄 된장 구이

사이쿄 된장이란 교토의 백된장을 뜻한다. 쌀누룩의 은은한 단 맛이 나기 때문에 청어나 붉은 살 생선보다 고급스러운 흰 살 생선이 잘 어울린다. 신슈 된장 등 시골 된장을 사용한다면 미림을 술보다 조금 많이 넣어 단 맛을 강하게 한다.

1인분
208kcal
염분 2.8g

재료(2인분)

생대구 토막 2토막
금감 설탕 절임(있으면) 2개
소금 1작은술
식용유 약간

된장 양념
　사이쿄 된장(백된장) 200g
　술 1⅓큰술
　미림 2작은술

※대용 → 대구는 삼치나 도미 등 흰 살 생선으로

2 된장 양념 재료를 잘 섞는다. 20×40㎝ 거즈를 2장 겹친다. 넓적한 스테인리스 통에 된장 양념 절반을 깔고 거즈를 펼친다.

1 대구는 양면에 소금을 치고 20~30분간 둔다.

3 1을 물로 씻어 물기를 닦고 거즈 위에 가지런히 놓는다. 거즈의 남은 부분을 덮고 나머지 된장 양념을 위에 바른 후 하루 동안 재운다.

4 된장 양념에 재워 하루 동안 둔 상태.

5 그릴 구이망에 식용유를 바르고 불에 올려 충분히 뜨거워지면 대구를 망에 놓는다. 중간에 탄 부분에는 알루미늄 포일을 씌워 양면을 굽는다. 접시에 담고 금감 설탕 절임을 곁들인다.

*된장 절임은 생선뿐 아니라 고기로도 맛있게 만들 수 있다(→121쪽).

*맛있는 된장 절임을 만들려면 맛있는 된장을 쓰는 것이 가장 중요하다. 된장이 맛을 좌우한다. 가게에서는 '산 된장', 즉 전통 방식으로 시간을 들여 양조한 알된장을 사용한다. 대량으로 만든 된장과는 풍미나 향이 전혀 다르니 꼭 한번 써보기 바란다.

*미림은 된장을 부드럽게 하기 위해 넣는다. 단 맛을 좋아하지 않는다면 넣지 않아도 된다.

*된장에 절이는 시간은 양념의 상태에 따라 자유롭게 바꿀 수 있다. 된장은 수분과 함께 배어들기 때문에 절이는 시간을 짧게 하고 싶다면 술의 양을 늘려서 부드럽게 하고, 길게 하고 싶다면 술의 양을 줄여서 딱딱하게 한다.

*된장 양념은 두세 번 반복해서 쓸 수 있다. 준비 단계에서 생선 비린내가 있는 수분을 빼고 거즈를 덮어 두기 때문에 된장 양념에서 고약한 냄새나 찌꺼기가 거의 나오지 않아 다시 쓸 수 있는 것이다.

풍미가 강한 붉은 살 생선에는 염분이 강한 매운 된장으로

참치 적된장 구이

적된장은 원료인 콩에 소금을 뿌려 잘 숙성시킨 된장이다. 염분이 강하고 남성적이며 맛이 진하기 때문에 생선을 절일 때도 개성 있는 맛이 강한 생선이 좋다. 된장은 타기 쉬우니 잘 보면서 구워야 한다.

재료(2인분)

참치 토막 2토막
간 무·유자 껍질 각 적당량
소금 1작은술
식용유 약간

된장 양념
　된장(신슈 된장 등 적된장) 150g
　술 1큰술
　미림 ½큰술

※대용 → 참치는 가다랑어 등 맛이 강한 생선으로

1　참치는 양면에 소금을 치고 20~30분간 둔다.

2　된장 양념 재료를 잘 섞는다.

3　1을 물에 씻어 물기를 닦고 2에 넣어 하루 동안 절인다.

4　간 무는 체에 올려 물에 살짝 담갔다가 물기를 가볍게 짠다. 유자 껍질은 잘게 썰어 간 무와 섞는다.

5　참치를 굽고 4를 곁들인다.

1인분
248kcal
염분 2.6g

숙성된 젓갈이 더 다양한 맛을 만드는

가다랑어 젓갈 구이

숙성된 젓갈은 가열하면 독특한 풍미가 폭발하여 다양한 맛이 나서 말로 표현할 수 없을 정도로 맛이 좋다. 그러나 가다랑어 젓갈은 그대로 먹으면 짜기 때문에 짠 맛을 살짝 빼 줘야 한다. 너무 빼면 맛이 달아나기 때문에 주의하자.

재료(2인분)

가다랑어 2토막
간 무·간 오이 각 적당량
소금·식용유 약간씩

양념
술·미림·간장 ⅓컵
가다랑어 젓갈(가다랑어 내장, 병조림) 2큰술

※대용 → 가다랑어 젓갈은 오징어 젓갈로

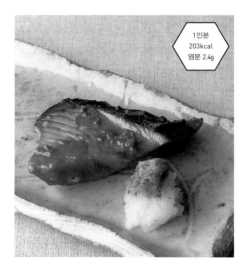

1인분
203kcal
염분 2.4g

1 가다랑어 젓갈은 체에 올려 물에 살짝 씻은 후 물기를 닦고 나머지 양념 재료와 섞는다. 여기에 가다랑어를 넣고 20~30분간 재운다.

2 간 무는 체에 올려 물에 살짝 담갔다가 물기를 가볍게 짜고 간 오이를 올린다.

3 그릴 구이망에 식용유를 발라서 달구고 충분히 뜨거워지면 양념을 떨구어낸 가다랑어를 망에 올린다. 젓갈을 약간 올려 양면을 바싹 굽고 마지막에 양념을 발라 말리듯이 굽는다.

4 접시에 3을 담고 2를 곁들여 소금을 뿌린다.

단 맛이 있는 오징어에 감귤류의 신맛을 더한

오징어 레몬 구이

오징어를 구울 때 조금이라도 많이 익히면 딱딱해져서 풍미가 날아가고, 먹기가 힘들어진다. 반만 익힌다는 생각으로 굽자. 그리고 육질이 아주 얇아서 맛이 잘 배어들지 않기 때문에, 표면에 칼집을 내거나 마무리할 때 양념을 솔로 발라 맛을 정착시키자.

재료(2인분)

오징어 몸통 1마리
누에콩 적당량
식용유 약간

양념
술·미림·간장 ⅓컵
레몬(동그랗게 썰어서) 3장

※대용 → 레몬은 영귤이나 청귤 등 단 맛이 적은 밀감류로

1인분
201kcal
염분 2.6g

1 오징어는 껍질에 칼집을 넣으면서 2cm 두께로 동그랗게 썬 뒤 섞은 양념에 넣어 20~30분간 재운다.

2 그릴 구이망에 식용유를 발라 달구고 충분히 뜨거워지면 양념 물기를 떨구어낸 오징어를 망에 올린다. 양면을 굽고 색이 하얗게 변하면 양념을 솔로 발라 살짝 말려 마무리한다.

3 누에콩은 콩깍지를 벗기고 그릴로 같이 굽는다. 양념 레몬도 그릴에 올려서 살짝 굽는다.

4 접시에 오징어, 누에콩, 레몬을 담는다.

가볍게 말린 대구는 맛의 보물 창고

대구 소금 절임 구이

가볍게 소금을 쳐 말린 다음 굽는 요리법을 사용한다. 어떤 생선이든 이 방법을 쓸 수 있다. 대구는 겨울철 생선이라 상온에서 말려도 괜찮지만, 다른 계절에는 15℃ 이하에 두어야 한다. 적당하게 수분이 빠지는 탈수 시트를 사용해도 편리하다.

1인분
82kcal
염분 1.3g

재료(2인분)

생대구 2토막
청귤 적당량
소금 약간
식용유 약간

※대용 → 대구는 도미나 넙치 등 흰 살 생선으로

1 대구는 양면에 소금을 치고 대나무 소쿠리에 올려 하룻밤 둔다.

2 하룻밤 말린 상태. 그릴 구이 망에 식용유를 바르고 충분히 달군다. 대구를 접시에 담을 때 위에 올 부분을 불쪽으로 가게 해서 망에 올리고 중불로 양면을 7~8분 정도 굽는다.

3 접시에 담고 청귤을 곁들인다.

요리 팁

생선을 말릴 때는 선풍기를 이용하거나 통풍이 좋은 장소에 두면 몇 시간만 있어도 충분하다. 이렇게 하면 적당히 설익은 상태가 된다. 그리고 절여서 말리면 수분이 빠져 잘 익게 된다. 너무 많이 굽지 않도록 주의해서 촉촉하게 구워내자.

껍질까지 맛있게 먹을 수 있는 방법

넙치 바삭 구이

프라이팬으로 만들 수 있는 요리다. 바삭바삭하게 구운 껍질을 맛보기 위해서는 넙치나 가자미, 옥돔처럼 껍질이 얇은 생선을 쓰는 것이 좋다. 강불로 껍질 쪽부터 굽기 때문에 열이 껍질을 통해 천천히 살로 전해진다. 부드럽고 풍미도 확실하게 남으며 단시간에 구울 수 있다.

1인분
148kcal
염분 1.1g

재료(2인분)

넙치 2토막
두꺼운 대파 ½개
레몬(반달 모양) 2조각
소금·후추·박력분 약간씩
식용유 3큰술

※대용 → 넙치는 가자미나 옥돔 등 껍질이 부드러운 생선으로

요리 팁

바삭하게 구운 껍질과 촉촉하고 부드럽게 익은 살이 만나 환상의 조합을 이룬다. 그래서 담을 때는 반드시 껍질이 위로 오게 담아야 한다. 아래로 오게 놓으면 수증기 때문에 껍질에 습기가 들어가 흐물흐물해진다.

1 넙치는 굽기 직전에 소금, 후추를 치고 박력분을 솔로 얇게 바른다.

3 프라이팬에 식용유를 두르고 넙치를 껍질 부분이 아래로 오게 하여 가지런히 놓고 강불로 굽는다. 위에서 가볍게 눌러 껍질이 바삭하게 익으면 뒤집어서 살도 굽는다.

2 대파는 두껍게 썬다.

4 3번 프라이팬에 대파 잘린 면이 아래로 오게 해 같이 굽는다.

5 접시에 넙치의 껍질 면이 위로 오도록 놓고 대파와 껍질을 벗긴 레몬을 곁들인다.

기름으로 더 맛있어지는 푸짐한 반찬

가다랑어 스테이크

중심이 익지 않은 '레어'로 구워야 한다. 전체가 다 익으면 식감이 퍼석해지고 단 맛도 느껴지지 않는다. 껍질이 붙어 있는 쪽을 바싹 구워 살에 간접적으로 열이 전달되도록 하는 것이 포인트다. 소스도 술을 듬뿍 사용하여 단숨에 증발시켜 짧은 시간에 맛을 배어들게 한다.

1인분
386kcal
염분 1.7g

재료(2인분)

가다랑어 덩어리 200g
삶은 스냅 완두 2개
마늘(얇게 썰어서) 1쪽
버터 30g
술 ½컵
청자소(채 썰어서) 5장
간장 1큰술
박력분 약간
식용유 1큰술

※대용 → 가다랑어는 다랑어 등 붉은 살 생선으로

1 가다랑어에 솔로 박력분을 얇게 바른다.

2 프라이팬에 식용유를 넣고 강불로 마늘을 구워 향을 입힌다. 1을 껍질 면이 아래로 오게 해서 바싹 굽는다.

3 다른 면은 색이 약간 변할 정도로 굽고 키친타월로 기름과 찌꺼기를 닦아낸다.

4 버터를 더하고 바로 술을 넣은 다음 청자소와 간장을 더해 한소끔 끓이고 나서 꺼낸다. 먹기 좋은 크기로 썰어 접시에 담는다.

5 프라이팬의 양념을 졸여 4에 두른다. 스냅 완두를 곁들인다.

생선 구이를 위한
전채 채소 카탈로그

맛있게 구운 생선에 제철 채소를 살짝 곁들이자. 그렇게만 해도 생선 구이의 질이 훨씬 올라가고 입가심으로도 맛있게 먹을 수 있다. 채소는 주인공인 생선을 돋보이도록 맛과 빛깔, 요리법 등을 생각해서 고르자.

 쓴 맛이 은은하게 나는 봄철 채소는 삼치나 도미 등 제철 생선의 기름짐을 입안에서 적당히 중화해준다.

유채 겨자 간장 절임

1 유채를 소금물에 살짝 데친다.

2 육수 7 : 간장 1 : 술 1과 갠 겨잣가루를 섞은 액체에 유채를 담근다.

3 유채를 건져 물기를 짠 뒤 접시에 담는다.

간 산초나무 어린잎

1 간 무를 체에 올려 물에 살짝 담갔다가 건져 가볍게 물기를 제거한다.

2 산초나무 어린잎을 잘게 썰어 간 무와 섞는다.

데친 머위

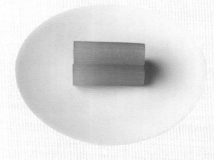

1 머위는 소금을 뿌려 도마에 놓고 뒤적거린 후 살짝 데친다.

2 머위의 물기를 제거하고 육수 7 : 간장 1 : 술 1을 섞어서 담근다.

수분이 많은 채소를 자주 먹는 이 계절에는 채소를 썰어 놓기만 해도 충분하다.

오이 절임

1 오이는 얇게 썰어서 1.5% 소금물에 절여서 물기를 짠다.

2 오이를 접시에 담고 깨를 뿌린다.

매실 가지

1 가지를 큼직하게 썰어서 소금에 절인 후 매실살로 무친다.

2 가지를 접시에 담고 깨를 뿌린다.

생강 줄기 초절임

1 생강 줄기를 칼로 잘라 모양을 정리하고 살짝 데친다.

2 단초(술·물 각각 50㎖, 설탕 1큰술, 소금을 약간 섞어서 녹인 것)에 담근다.

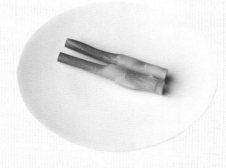

꽁치나 고등어 등 살이 오른 생선에 맞는 깔끔한 전채를 만들자.
유자나 영귤을 동그랗게 잘라서 곁들여도 좋다.

튀긴 은행

1 은행을 삶아서 물기를 닦아내고 그대로 튀긴다.

2 꼬치로 구멍을 뚫어 소금을 뿌리고 2개를 한 쌍으로 해서 솔잎에 끼운다.

유자 무

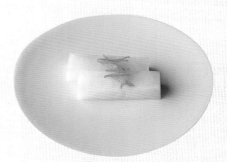

1 무를 굵은 직사각형으로 썰고 1.5% 소금물에 담근다.

2 촉촉해지면 건져 물기를 짜고 물 3 : 식초 2 : 소금 0.2를 섞은 액체에 채 썬
유자 껍질과 같이 담근다.

군밤

1 달게 조린 밤(병조림)을 생선 구이망으로 굽는다.

바람이 매서운 계절에는 유자나 금감 설탕 절임처럼 신 맛과 단 맛, 쓴 맛이 한데 어우러진 전채가 어울린다. 방어나 대구와도 찰떡궁합이다.

삿갓 유자

1 유자를 가로로 반을 잘라 내용물을 파내고 삶은 후 안쪽 하얀 껍질도 벗겨낸다.

2 물 1에 설탕 0.5 비율로 섞은 시럽에 조린다.

귤 무침

1 마는 칼로 잘게 두드려 다진다.

2 얇게 썬 감귤류 과일(오렌지, 귤, 껍질 있는 금감 등)을 다진 마와 섞는다.

꽃마

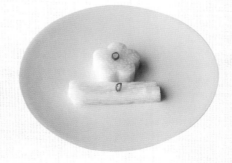

1 마를 꽃모양 틀로 찍어 1.5% 소금물에 담가 촉촉하게 한다.

2 건져 물기를 제거하고 홍고추와 같이 단초(→생강 줄기 초절임)에 담근다.

육즙 가득한 고기와 바삭한 껍질을 한 입에 맛보는

프라이팬 닭 구이

맛이 담백한 닭고기는 노릇하게 구우면 더 맛있어진다. 그러나 너무 익히면 퍼석해지는 성질이 있기 때문에 껍질부터 확실히 시간을 들여 굽는다. 껍질의 지방이 빠지고 바삭하게 구워질 뿐 아니라 껍질을 통해 고기를 가열하기 때문에 불이 약하게 들어가 육즙이 풍부해진다.

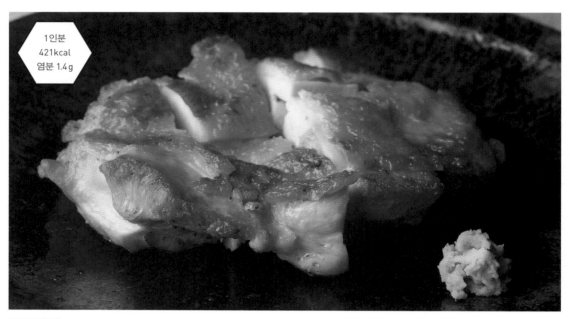

1인분
421kcal
염분 1.4g

재료(2인분)

닭다리살 1덩어리
소금·후추 각 적당량
겨잣가루(물에 개어서) 약간
식용유 1큰술

1 닭고기는 소금과 후추를 약간 많이 뿌려 간을 확실히 한다.

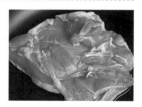

2 프라이팬에 불을 켜지 않은 상태에서 식용유를 두르고 닭고기 껍질이 있는 부분을 아래로 해서 놓은 다음 불을 중불로 올린다.

5 먹기 좋은 크기로 썰고 접시에 담아 갠 겨잣가루를 곁들인다.

요리 팁

닭고기는 수분이 있기 때문에 소금을 확실히 쳐야 한다. 소금이 조금 많다고 생각해도 굽는 동안 지방과 함께 빠져나가기 때문에 닦아내면 된다. 그리고 프라이팬에 닭고기를 놓은 다음 불을 켜자. 열이 서서히 퍼지면서 빛깔도 골고루 노릇노릇해진다. 달군 프라이팬에 닭고기를 올리면 고기가 휜다.

3 알루미늄 포일로 덮고 닭고기 두께의 절반 정도가 색이 하얘질 때까지 3분 정도 굽는다.

4 껍질이 바삭해지면서 나온 기름을 키친타월로 닦는다. 뒤집어서 알루미늄 포일로 덮고 5분 정도 더 굽는다.

치즈를 올리면 밥과 빵 모두 잘 어울린다

닭고기 치즈 구이

'프라이팬 닭 구이'와는 전혀 다르게 굽는 방법을 소개하겠다. 치즈를 녹이기 위해 그릴로만 굽는다. 치즈에 염분이 있기 때문에 소금은 너무 많이 뿌리지 않도록 한다.

재료(2인분)

닭다리살 1덩어리　　　　　**달걀노른자** 2개
슬라이스 치즈 2장　　　　　**소금·후추** 약간씩

1인분
502kcal
염분 1.6g

1 닭고기에 소금, 후추를 뿌린다.

2 생선 그릴(또는 구이망)을 미리 불에 올려 따뜻하게 해놓고 닭고기는 껍질 면이 불 쪽으로 가게 해서 놓는다.

3 껍질 면이 바삭하게 구워지고 고기의 절반 정도가 하얘지면 뒤집어서 살도 바싹 굽는다.

4 뒤집어서 슬라이스 치즈를 올리고 살짝 굽는다. 치즈가 녹기 시작하면 치즈 위에 달걀노른자를 솔로 바르고 마를 정도로만 살짝 굽는다. 달걀노른자를 바르고 말리는 과정을 두세 번 되풀이한 후 꺼낸다.

5 먹기 좋은 크기로 썰고 접시에 담는다.

아이도 어른도 좋아하는 카레로

닭고기 카레 괭이 구이

괭이 구이란 옛날에 괭이를 달구어 그 위에 들새를 구웠던 것에서 유래된 요리다. 괭이 대신 프라이팬을 뜨겁게 달구어 굽자. 닭고기 표면에 바른 박력분과 카레가루가 고기의 맛을 가두기 때문에 소스가 살짝 걸쭉해져 훨씬 더 맛있어진다.

재료(2인분)

닭가슴살 1덩어리　　**박력분** 3큰술　　　소스
양파 ½개　　　　　　**카레가루** 1큰술　　**술** 4큰술
　　　　　　　　　　　식용유 2큰술　　　**미림** 4큰술
　　　　　　　　　　　　　　　　　　　　간장 2작은술

1인분
524kcal
염분 0.6g

1 닭고기는 한 입 크기로 비스듬히 썰고 박력분과 카레가루를 섞어 솔로 얇게 펴 바른다. 양파는 가로 1cm 폭으로 썬다. 소스 재료를 섞는다.

2 프라이팬에 식용유를 두르고 달군 다음 닭고기를 넣고 중불로 양면을 굽는다.

3 노릇하게 구워지면 불필요한 기름을 키친타월로 닦고 소스와 양파를 넣어 강불로 올린 다음 소스를 고기에 묻히면서 조린다.

요리 팁

간이 확실히 배어 있어 식어도 맛있게 먹을 수 있기 때문에 도시락 반찬으로도 좋다.

진하게 맛있는, 간단히 만들 수 있는 반찬

돼지고기 케첩 데리야키

돼지고기는 수분이 많기 때문에 케첩을 입혀 살짝 서양식으로 만들었다. 돼지고기가 노릇하게 구워진 다음에 소스를 넣어 강불로 짧은 시간에 마무리하는 것이 중요하다. 돼지고기도 딱딱해지지 않게 구워지고, 먹음직스러운 때깔이 식욕을 돋운다.

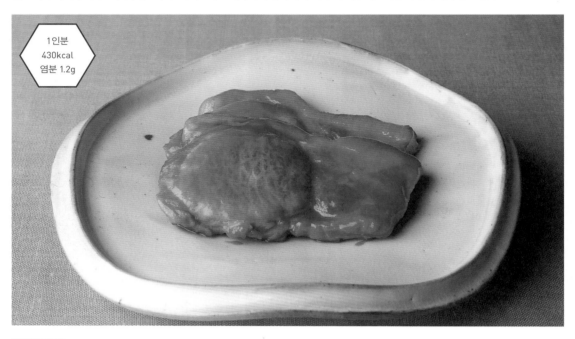

1인분
430kcal
염분 1.2g

재료(2인분)

돼지 목살(120g, 두껍게 썰어서) 2장
대파 푸른 부분 1개
토마토케첩 2큰술
식용유 1큰술

소스
 술 4큰술
 미림 4큰술
 간장 2큰술

요리 팁

돼지고기는 가열하면 살도 지방도 딱딱해진다. 힘줄을 자른 다음 구우면 불 위에서 수축되지도 않고 먹을 때도 씹기 편하다. 손이 더 가기는 하지만 꼭 해보자.

1 돼지고기는 살과 지방 사이의 힘줄을 자른다. 소스는 미리 섞어 놓는다.

2 프라이팬에 식용유를 넣고 돼지고기를 놓은 다음 중불에 둔다. 두께의 절반 정도 색이 바뀌면 뒤집는다. 중간에 키친타월로 기름, 찌꺼기를 닦는다.

3 뒷면도 노릇하게 구워지면 대파 초록색 부분을 넣는다. 강불로 올려 소스를 넣고 끓어오르면 고기를 일단 꺼낸다.

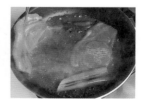

4 소스가 절반 정도 졸아 기포가 커졌을 때쯤 토마토케첩을 넣고 고기를 다시 넣어 프라이팬을 돌려가면서 고기에 소스를 입힌다.

상큼한 고명의 향과 같이 먹는

소고기 파 구이

생선은 굽기 20분 정도 전에 소금을 치지만 고기는 직전에 소금을 친다. 고기 안의 수분 자체에는 고유의 맛이 있고 비린내도 없다. 소금 때문에 수분이 빠져나가는 것을 되도록 줄이고 표면을 강불로 구워서 맛을 안에 가두어야 한다. 젓가락으로 먹기 편하도록 한 입 크기로 잘라서 담자.

재료(2인분)

스테이크용 소고기(100g) 2덩어리
달걀흰자 1개
쪽파(잘게 썰어서) 4개

폰즈 간장(→74쪽) 적당량
소금·후추 약간씩

1인분
523kcal
염분 1.8g

1 달걀흰자는 거즈로 거른다. 구이망을 불에 달군다.

2 소고기에 소금과 후추를 뿌려 바로 망에 올려 양면을 굽는다.

3 달걀흰자에 쪽파를 섞어 소고기에 올려 그릴이나 오븐에서 표면이 마를 정도로 굽는다.

4 먹기 좋은 크기로 썰어서 접시에 담고 폰즈 간장을 두른다.

된장의 달짝지근한 향으로 더 맛있게

소고기 된장 절임 구이

된장에 절일 때 생선은 미리 소금을 뿌렸지만, 소고기는 그럴 필요가 없다. 수분이 적고 비린내도 없기 때문에 그대로 절이기만 하면 된다. 소고기의 단 맛을 살리기 위해 시골 된장을 썼지만, 백된장도 좋다. 적된장은 염분이 강해서 잘 어울리지 않는다.

재료(2인분)

소고기 등심(두껍게 썬) 150g
잘게 썬 골파 적당량

노른자 간 무
　간 무(물기를 짜서) 100g
　달걀노른자 1개

된장 양념
　시골 된장 200g
　술 1큰술
　미림 1큰술

1인분
466kcal
염분 2.7g

1 된장 양념 재료를 섞어서 절반을 네모난 판 바닥에 깔고 소고기를 거즈로 싸서 올린 다음 나머지 된장 양념을 발라 3시간 이상 둔다.

2 간 무와 달걀노른자를 섞는다.

3 구이망을 불에 달군다. 소고기를 꺼내 강불에서 양면을 살짝 굽는다.

4 먹기 편하게 썰고 노른자 간 무, 골파와 함께 접시에 담는다.

오븐이 필요 없고 먹기도 간단!

일본식 로스트비프

고기나 생선의 단백질은 65℃를 경계로 날 것에서 익은 상태로 변한다. 이렇게 살짝만 익은 아슬아슬한 상태일 때 단 맛이 도드라지며 식감도 부드러워 가장 맛있다. 로스트비프는 서양식 방법으로 오븐에서 구우면 온도 관리가 어렵다. 이 방법은 프라이팬으로 끓여서 남은 열로 익히기만 하면 된다. 아주 쉬운 방법으로 맛있게 만들 수 있다.

1인분
318kcal
염분 2.2g

소고기 뒷다리 허벅다리살(도가니살)
　400g
생 표고버섯 2장
불린 미역 80g
물냉이 한 줌
영귤(반으로 잘라서) 2개
물엿 1큰술
소금 적당량
식용유 1큰술

양념
　국물용 다시마 5cm 조각 1장
　술 3큰술
　물 2큰술
　간장 2큰술
　후추 약간

노른자 간 무
　간 무(물기를 짜서) 100g
　달걀노른자 1개

소고기를 굽기 전에 소금을 듬뿍 쳐야
한다. 나중에 끓는 물에 담가 제거하
기 때문에 괜찮다. 고기는 소금을 치
지 않는 것이 기본이지만, 여기서는 덩
어리로 요리하기 때문에 표면만 소금
으로 탈수해서 고기의 맛을 잡아 줘야
한다. 이렇게 하면 굽거나 끓여도 맛
이 달아나지 않는다.

1 소고기에 소금을 듬뿍 뿌리고 20분 정
도 둔다.

2 프라이팬에 식용유를 둘러 달구고 소고
기의 표면을 강불에 굽는다. 그런 다음 끓
는 물에 담갔다가 물기를 닦아낸다.

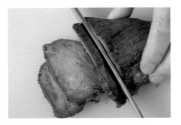

3 프라이팬에 양념 재료와 생 표고버섯을
넣어 끓이고 물기를 닦은 소고기를 넣고 뚜
껑을 덮는다. 중간에 한두 번 뒤집어주면
서 약불로 10분 정도 끓인다. 고기와 표고
버섯, 다시마를 넓은 판에 꺼내 놓고 고기가
상온 정도로 식을 때까지 둔다.

4 프라이팬을 기울여 양념을 졸이고 기포
가 커져 타기 직전에 물엿을 넣어 잘 섞는다.

6 간 무에 달걀노른자를 섞는다. 5번을 그
릇에 담고 미역, 물냉이, 표고버섯, 영귤, 노
른자 간 무를 곁들인 다음 양념을 소스로
두르고 먹는다.

5 소고기의 물기를 닦고 고기 힘줄이 잘리
도록 5mm 두께로 썬다.

약간 딱딱한 배합으로 도시락 반찬으로도 좋은

달걀말이

달걀말이의 강도를 정하는 것은 달걀과 같이 넣는 액체의 배합이다. 달걀말이에는 달걀 3 : 육수 1로 약간 딱딱한 배합과 달걀 2 : 육수 1로 국물이 약간 배어나올 정도로 부드러운 배합이 있다. 여기서는 도시락 반찬으로도 괜찮은 약간 딱딱한 배합을 소개하겠다.

1인분
334kcal
염분 2.4g

재료(2인분)

달걀 6개(300㎖)
육수 100㎖
국간장 약간
설탕 약간
식용유 적당량

1 달걀을 믹싱볼에 풀고 육수와 국간장, 설탕을 넣는다. 거품이 나지 않도록 주의하면서 섞는다.

2 달걀말이용 팬에 키친타월로 식용유를 바르고 중불로 가열한다. 처음에는 냄비 전체에 퍼질 정도만 달걀물을 넣고 표면에 생기는 거품을 젓가락 끝으로 찔러 없앤다.

3 반숙 상태가 되면 먼 쪽에서 가까운 쪽으로 말고 다시 기름을 바른다. 말아 놓은 달걀을 먼 쪽으로 옮기고 가까운 쪽에도 기름을 바른다.

요리 팁

달걀말이는 처음에 비교적 강불에서 부치는데, 반복해서 마는 동안 점점 약불로 줄이면 표면에 얼룩이 지지 않고 예쁘게 만들어진다. 또한 처음에 냄비에 달걀물을 살짝만 떨어뜨려 보면 달걀물을 넣을 적당한 타이밍을 알 수 있다. 끓어오르는 소리가 들리면 달걀물을 넣어도 좋다.

4 달걀물을 2번에서 넣은 양의 절반 정도만 넣고, 말아 놓은 달걀을 젓가락으로 약간 들어 아래쪽에도 달걀물이 들어가도록 한다.

5 3과 4의 작업을 반복하여 몇 번 말아서 크게 만든다. 마지막에 달걀말이 냄비 끝 쪽에 말아 놓은 달걀을 밀어 모양을 잡아 준다.

6 도마에 올려 김발로 말아서 모양을 정리한다. 한참 두어 모양이 잡히면 썬다.

손이 많이 가도 집에서 만들면 특별한 맛이 나는

다테마키

간토 지방에서는 흔히 먹는 달고 윤이 나는 달걀말이다. 그대로 술안주로 먹거나 김에 말거나 초밥 재료로 쓰거나 오세치요리로 쓰기도 한다. 으깬 생선 대신 한펜을 써서 비교적 간단하게 만드는 방법이다. 한번 직접 만들어보기 바란다.

1인분
303kcal
염분 1.8g

재료(2인분)

달걀 3개
한펜 100g
꿀 3큰술
박력분 2큰술
국간장 ½큰술
식용유 약간

요리 팁

간단하게 반죽을 만들기 위해 여기서는 푸드 프로세서를 사용하여 재료를 더해 섞고 부드러운 상태로 만들었다. 푸드 프로세서가 없다면 절구를 사용해서 잘 으깨면서 섞으면 된다.

1 한펜을 푸드 프로세서에 넣고 거칠게 간다. 박력분을 넣어 섞고 국간장과 꿀도 섞는다.

2 달걀을 풀어서 넣고 부드럽게 될 때까지 섞어 반죽을 만든다.

3 달걀말이용 팬에 키친타월로 식용유를 바르고 달군 다음 달걀 반죽을 1cm 두께로 흘려 넣는다. 판지 등에 알루미늄 포일을 덮어 만든 뚜껑을 씌우고 약불에서 3~5분 동안 굽는다.

4 밑부분을 확인했을 때 노릇하게 잘 구워져 있으면 조심조심 뒤집어 뒷면도 굽는다. 김발로 말아서 식을 때까지 둔다.

구이·튀김

쓱싹 만들 수 있어서 술안주로도 적격

두부 가지 산적

일본에서는 원래 두부 산적 요리(덴가쿠)를 주로 했는데 지금은 다른 재료에 된장을 발라 구운 것도 산적이라고 한다. 토란이나 곤약, 가지, 밀기울 등을 쓴다. 여기서는 된장 소스를 그대로 발랐지만, 제철의 향을 더하면 그만큼 계절 느낌이 산다. 봄에는 산초나무 어린 잎을, 겨울에는 유자 껍질을 각각 갈아서 된장 소스에 섞기만 하면 된다.

1인분
197kcal
염분 2.7g

재료(2인분)

두부 ⅓모
가지 1개
생밀기울(쑥 밀기울) ⅓개
된장 소스(→75쪽) 적당량
양귀비씨·산초나무 어린잎·흰 통깨 약간씩

요리 팁

된장 소스를 바를 때 조금 더 정성을 들이면 특별한 분위기를 낼 수 있다.

먼저 무나 당근을 2~3mm 두께로 썰어서 마음에 드는 틀로 찍는다(①). 틀로 찍은 무를 두부 위에 올리고 구멍 나 있는 부분에 된장을 채운다(②). 무를 살짝 떼면 모양이 남는다(③). 봄에는 벚꽃, 가을에는 단풍 등으로 모양을 바꾸면 간단히 계절 느낌을 살릴 수도 있다.

1 가지는 2cm 두께로 동그랗게 잘라서 껍질과 속살 사이에 칼집을 낸다. 오븐 토스터에 알루미늄 포일을 깔고 익을 때까지 굽는다.

2 두부는 네모나게 썰어서 오븐 토스터로 속이 따뜻해질 때까지 굽는다.

3 생밀기울은 프라이팬으로 전체 면을 노릇하게 굽고 1cm 두께로 썬다.

4 1, 2, 3에 된장 소스를 바르고 오븐 토스터로 마를 정도로만 살짝 굽는다. 가지에 양귀비씨, 두부에 산초나무 어린잎, 밀기울에 흰 통깨를 올린다.

유부 기름이 파에 배어들어 맛있는

유 부 파 구 이

유부를 뒤집어서 쓰는 것이 이 요리의 포인트다. 굽는 동안 유부의 기름이 천천히 파에 배어들어 촉촉하고 맛있어진다. 바삭바삭 고소하게 굽기 때문에 반찬뿐 아니라 술안주로도 제격이다.

재료(2인분)

유부 1장　　　　　**달걀노른자** 2개
쪽파 2개　　　　　**간장** 적당량
양파 ½개　　　　　**식용유** 적당량

1인분
159kcal
염분 0.5g

1 쪽파는 잘게 썰고 양파는 다져서 섞는다.

2 유부는 반으로 잘라 벌린 다음 뒤집어서 1을 채워 넣는다.

3 그릴 망에 식용유를 바르고 달군다. 2를 망에 올리고 양면을 바싹 구운 후 간장을 발라 마를 정도로만 굽는다. 이 과정을 두세 번 반복한다.

4 달걀노른자를 풀어서 바르고 마를 정도로 굽는다. 이 과정을 두세 번 반복하고 잘라서 접시에 담는다.

콩의 맛이 도드라지는

두 부 스 테 이 크

두부는 기름기가 조금만 더해져도 아주 맛있어진다. 원래 갖고 있는 진한 풍미가 확 살아나기 때문이다. 여기서는 버터를 이용한다. 간장과도 궁합이 좋고, 또 간장이 청자소와 이어주는 역할도 하기 때문에 맛이 한데 어우러진다. 고기에 뒤지지 않는 맛과 건강을 갖춘 요리다. 갓 만들어 따끈하게 먹기 바란다.

재료(2인분)

두부 1모　　　　　**간장** 2작은술　　　　**고명**
청자소 5장　　　　**박력분** 적당량　　　　**쪽파** 1개
버터 40g　　　　　**식용유** 1큰술　　　　**청자소** 5장
술 75㎖　　　　　　　　　　　　　　　**생강** 1쪽

1인분
314kcal
염분 1.4g

1 청자소는 채 썰어 물에 담근다. 고명으로 쓸 쪽파는 잘게 썰고 청자소는 채 썰고 생강은 다져서 같이 물에 담갔다가 건져 물기를 짠다.

2 두부는 가로로 반을 잘라 표면의 수분을 닦아낸다. 솔로 박력분을 바른다.

3 프라이팬에 식용유를 두르고 불을 켠 다음 두부를 올린다. 살짝 노릇해지면 뒤집어서 노릇하게 굽는다.

4 키친타월로 프라이팬의 기름과 찌꺼기를 닦아내고 버터를 넣는다. 절반 정도 녹으면 술을 두르고 간장도 넣는다. 알코올 성분이 날아가면 청자소를 넣고 국물을 입힌다. 접시에 담고 고명을 올린다.

가정에서 만들기 쉬운

일본식 튀김

튀김옷이 바삭하고 안에 있는 재료가 폭신한 튀김은 특히나 맛있다. 그러나 계속해서 갓 튀긴 튀김을 먹을 수 있는 전문점과 달리 가정에서는 전부 다 튀긴 다음에 식탁에 앉는다. 튀기는 순서에 따라 튀김 상태가 달라진다. 시간이 지나도 바삭하게 튀기려면 재료의 수분을 얼마나 잘 제거했는지가 중요하다.

1인분
586kcal
염분 1.0g

재료(2인분)

작은 보리새우 2마리
보리멸 2마리
가지 2개
연근 2cm
고구마 2장(두께 3cm)
꽈리고추 2개

튀김옷
  달걀 1개
  찬물 ½컵
  박력분 120g

박력분 적당량
식용유 적당량
튀김 소스 적당량
간 무·간 생강·와사비 간장 각 적당량

※대용 → 해물은 흰 살 생선 외에 게살처럼 수분이 적은 것으로, 채소는 잎채소 외에는 무엇이든 좋다. 등푸른 생선은 비린내가 튀김옷에 배기 때문에 어울리지 않는다.

재료 손질

1 가지는 꼭지를 떼고 세로로 반을 잘라 익기 쉽도록 껍질에 세로로 칼집을 여러 개 낸다. 연근은 껍질을 벗기고 1cm 두께로 반달 모양으로 자른다.

2 고구마는 껍질 채로 잘 씻고 크기가 크면 반으로 자른다. 전자레인지에 돌려서 꼬치가 꽂힐 정도로 만든다. 꽈리고추는 이쑤시개로 찔러 구멍을 낸다.

3 새우는 껍질을 벗기고 등에 칼집을 내어 내장을 제거한 후 꼬리가 붙은 부분에 칼집을 넣어 수분을 뺀다.

6 보리멸은 머리를 떼고 벌려서 가시를 제거한다.

4 기름이 튀지 않도록 꼬리 끝 부분을 잘라내고 수분을 짜낸다.

5 배 쪽에 가로로 세네 개 칼집을 낸 다음 손으로 등 쪽으로 펴 둔다.

튀김옷 만들기

1 달걀을 풀어 찬물을 섞는다. 박력분을 넣고 거품기로 재빨리 균일하게 섞는다. 여름철에는 얼음물을 사용한다.

2 1번 튀김옷을 약간만 다른 믹싱볼에 덜어 물을 더해 연한 튀김옷을 만든다. 이것은 채소용이다. 튀겨냈을 때 색이 비쳐서 보인다. 그리고 기름에 흩뿌려 넣어 꽃이 핀 모양을 만들 때도 사용한다.

3 진한 튀김옷은 해물용이다. 주인공인 해물은 마지막에 튀긴다.

튀기기

1 식용유를 170℃로 가열한다. 이 온도에서 튀김옷의 전분이 호화한다. 채소부터 먼저 튀긴다. 채소에 솔로 박력분을 얇게 펴 바른다.

2 가지에 연한 튀김옷을 묻혀 껍질 쪽부터 넣고 노릇한 빛깔을 띨 때까지 천천히 튀기고 뒤집는다. 바삭하게 튀겨지면 건져 올린다. 연근, 고구마, 꽈리고추도 똑같이 튀긴다.

3 보리멸에 솔로 박력분을 펴 바르고 진한 튀김옷을 묻힌다.

요리 팁

가정에서 튀김을 할 때는 다음 세 가지를 기억하자. ① 재료에 얇게 박력분을 펴 바르고 반죽을 묻힐 것. ② 크고 깊은 튀김 냄비를 사용할 것. ③ 170~180℃로 천천히 튀길 것. 온도는 튀김옷을 약간 떨어뜨렸을 때 기름의 깊이 절반만큼 가라앉았다가 바로 떠오를 정도를 기준으로 한다. 그리고 튀김옷이 옅은 노란색이 되어 재료가 떠오르고 주변의 기포가 작아졌을 때가 건져 올릴 타이밍이다. 소리도 더 경쾌해진다.

4 기름 온도를 180℃ 정도로 올리고 보리멸을 넣어 튀긴다. 다 튀겨졌을 때쯤 연한 튀김옷을 흩뿌려 주변에 꽃이 핀 것처럼 만든다. 새우도 똑같이 튀긴다.

5 건져 올릴 때 끝부분을 기름 면에 댄 채로 살짝 쉬고 나서 건지면 기름이 잘 빠진다. 망을 올린 넓은 접시에 담는다.

튀김 소스

육수 4 : 간장 1 : 미림 1 비율만 기억해두면 언제든지 만들 수 있다. 풍미가 강해서 심플한 튀김을 돋보이게 한다.

재료(2인분)

육수 120㎖
간장 2큰술

미림 2큰술
간 무·간 생강 각 적당량

1 작은 냄비에 육수, 간장, 미림을 넣고 한소끔 끓여 미림의 알코올 성분을 날린다. 다른 접시에 간 무, 간 생강을 곁들인다.

작은 냄비를 이용해 간단하고 깔끔하게

카키아게

카키아게는 얇게 썬 채소나 해물을 섞어 튀긴 요리다. 작은 재료들을 뭉치게 해주는 연한 튀김옷이 아삭아삭 가벼운 것이 특징이다. 재료를 뭉치기가 힘들다는 문제점을 해결하고자 이 방법을 생각했다. 냄비 모양을 틀로 이용하기 때문에 초보자도 실패 없이 깔끔하게 튀길 수 있다.

1인분
309kcal
염분 0.5g

카키아게 덮밥

1인분
594kcal
염분 2.6g

카키아게를 식어도 맛있게 먹으려면 덮밥이 가장 좋다. 카키아게에는 재료와 튀김옷, 기름의 풍미와 깊은 맛이 있기 때문에 육수가 필요 없다. 국물 재료를 끓이기만 하면 된다. 버리는 대파 푸른 부분이 있다면 같이 넣어서 풍미를 극대화하자.

재료(2인분)

밥 2인분
카키아게 2개
대파 푸른 부분(어슷하게 썰어서) 약간

국물
물 240㎖
간장 60㎖
미림 60㎖

1 카키아게를 각각 4등분한다.

2 국물 재료를 냄비에 넣고 한소끔 끓어오르면 카키아게와 파를 넣고 끓인다.

3 2를 뜨거운 밥에 올린다.

요리 팁

덮밥으로 하지 않고 끓인 카키아게를 달걀과 섞어도 좋다. 달걀 2개를 풀어 카키아게에 두르고 뚜껑을 닫아 약불로 1분간 끓인다. 불을 끄고 1분 동안 놔두면 완성이다. 촉촉하고 부드러운 간단한 반찬이 된다.

재료(2인분)

당근 30g(5~6㎝)
양파·생 표고버섯 각 30g
쪽파 30g
박력분 1~2큰술

튀김옷
  푼 계란 $\frac{1}{2}$개
  물 130㎖
  박력분 70g

식용유 적당량
간 무·간장 각 적당량

※대용 → 잔새우, 오징어, 멸치, 베이컨이나 햄, 연어 통조림이나 가리비 관자 등을 더해도 좋다.

요리 팁

냄비가 작으면 기름도 튀김옷도 적은 양으로 만들 수 있다. 재료는 남은 채소를 무엇이든 잘게 썰어 넣으면 된다. 냉장고를 청소할 수 있는 기회다.

1 표고버섯은 줄기를 떼고 얇게 썬다. 당근, 양파는 채 썰고 쪽파는 길게 썬다.

3 채소를 넓은 접시에 담아 섞은 다음 박력분을 뿌려 전체에 입힌다. 이렇게 하면 튀김옷이 잘 묻는다.

5 채소를 전부 2에 넣고 젓가락으로 골고루 섞은 다음 냄비에 절반만 넣는다.

7 표면이 딱딱해지면 뒤집어서 노릇하게 튀기고 망으로 옮긴다. 똑같은 방법으로 하나 더 만든다.

2 튀김옷을 만든다. 달걀을 푼 다음 물을 넣고 섞는다. 믹싱볼에 박력분을 넣고 달걀물을 넣어 거품기로 균일하게 섞는다.

4 지름이 15~18㎝인 작은 냄비나 프라이팬에 기름을 3㎝ 깊이만큼 넣고 170~180℃로 가열한다. 튀김옷을 약간만 떨어뜨려 기름 깊이 절반까지 가라앉았다 바로 떠오르면 튀겨도 된다.

6 긴 나무젓가락으로 천천히 크게 젓고 약간 딱딱해지면 튀김옷 2큰술을 위에서 두른다. 이렇게 하면 냄비 전체에 적당히 퍼진다.

8 접시에 담아 간 무를 곁들이고, 간 무에 간장을 뿌린다. 튀김 소스나 말차 소금, 산초 소금 등을 찍어 먹어도 좋다.

푸짐한 생선 튀김

가다랑어 타츠타아게

타츠타아게라는 이름은 가을에만 쓸 수 있다는 사실을 아는가? 튀김 색깔이 마치 단풍이 강에 떠올랐다 가라앉는 것처럼 보인다고 해서 단풍의 명소인 나라의 타츠타강에서 따 온 이름이기 때문이다. 매콤한 두반장으로 맛에 포인트를 준다. 매콤한 맛을 싫어한다면 넣지 않아도 된다.

1인분
239kcal
염분 2.7g

재료(2인분)

가다랑어 2토막
꽈리고추 4개
영귤 1개
전분·식용유 각 적당량

양념
  대파 5cm
  간장 4큰술
  술 1큰술
  두반장 1작은술
  간 생강 ½작은술

※대용 → 가다랑어는 참치나 닭고기 등으로

요리 팁

튀김옷은 생선이 보이지 않을 정도로 두껍게 묻힌다. 다른 재료는 가루를 솔로 얇게 펴 발랐는데, 이 요리는 반대다. 손으로 두껍게 묻혀야 푸짐한 느낌이 나고 반찬에 더 잘 어울린다. 튀겼을 때 흰 부분과 붉은 부분도 생겨서 단풍이 떠올랐다 가라앉는 모습도 표현된다. 간이 잘 되어 있기 때문에 도시락 반찬으로도 좋다.

1 양념으로 쓸 대파는 잘게 다지고 다른 재료와 함께 작은 믹싱볼에 넣어 잘 섞는다.

2 가다랑어는 1토막을 절반으로 잘라 1에 담근다. 완전히 잠기도록 담가 10분 정도 둔다.

3 넓적한 스테인리스 통에 전분을 넣고 2의 가다랑어의 물기를 가볍게 제거하여 넣은 후 손으로 전분을 묻힌다.

4 식용유를 170℃ 정도로 달구고 3을 넣는다. 전체가 노릇하게 튀겨지면 건져 올려 기름을 뺀다.

5 꽈리고추는 이쑤시개로 찔러 구멍을 내고 그대로 튀긴다.

6 그릇에 4와 5를 담고 반으로 자른 영귤을 곁들인다.

식어도 바삭한 튀김옷이 도시락 반찬으로 제격

붕장어 프라이

프라이는 튀김과 마찬가지로 튀김옷 속에서 쪄지도록 약하게 가열한다. 반드시 신선한 재료를 써야 한다. 조금이라도 비린내가 나면 맛이 없어진다. 소금과 후추로 심플하게 만들었지만, 소스나 간 무를 곁들여도 좋다.

재료(2인분)

펼쳐진 붕장어 ½장
박력분 약간
달걀흰자 1개
빵가루* 적당량
식용유 적당량
굵은 후추·소금 각 적당량

*가능하면 식빵을 찢어서 쓰자. 튀겼을 때 촉촉해진다.

1인분
129kcal
염분 1.3g

1 붕장어는 먹기 좋게 자른다. 달걀흰자는 천으로 거른다.

2 붕장어에 솔로 박력분을 얇게 펴 바르고 달걀흰자에 담근 다음 빵가루를 묻히고 가볍게 쥐어 빵가루가 잘 붙게 한다.

3 170℃로 가열한 식용유에 넣고 빵가루가 바삭해질 때까지 튀긴다.

4 소금과 후추를 3 : 1 비율로 섞어 프라이에 곁들인다.

프라이는 실패하기 어렵고 튀김은 실패하기 쉬운 이유?

큰 차이는 튀김옷이 한 번 가열이 된 것인지 아닌지에 따라 다르다. 프라이의 튀김옷인 빵가루는 이미 가열이 되어 있기 때문에 튀겨도 상태가 변하지 않는다. 그러나 튀김의 튀김옷은 가열이 되어 있지 않은 밀가루다. 기름에 넣고 열이 들어갈 때까지 시간이 걸리기 때문에 그동안 재료가 너무 익거나 다 익지도 않았는데 튀김옷이 타는 등 온도와 타이밍이 어렵다. 실패하지 않기 위해서는 가열이 되어 있는 빵가루, 크래커, 쪄서 말린 찹쌀가루 외에 캐슈넛, 잣, 아몬드 등 견과류를 잘게 다진 것, 깨 등을 써야 한다. 그러면 맛도 다양해진다.

크래커 튀김

아라레 튀김

찹쌀가루 튀김

기름의 풍미로 더 맛있게

오징어 튀김 절임

이 요리는 오징어를 단시간에 튀기는 것이 중요하다. 너무 익으면 식감이 고무처럼 질겨져 단 맛도 풍미도 느끼지 못하게 되기 때문이다. 표면에 칼집을 내어 겉만 익힌다는 느낌으로 익히자. 냉장고에 보관할 수 있으니 금방 꺼내 술안주로도 먹을 수 있다.

1인분
220kcal
염분 1.8g

재료(2인분)

오징어 몸통 1마리
양파 ½개
파프리카(빨강·노랑·초록) 각 ½개
고수(있으면) 약간
박력분·식용유 각 적당량

양념
  육수 140㎖
  식초 4큰술
  국간장 1⅓큰술
  미림 1⅓큰술
  설탕 1⅓큰술

※대용 → 오징어는 보리멸이나 빙어 등 흰
살 작은 생선으로

1 양념 재료를 작은 냄비에 넣고
한소끔 끓인 후 믹싱볼에 담는다.

2 오징어는 칼을 눕혀 비스듬하
게 격자무늬로 칼집을 내고 5㎝
크기로 자른다.

3 식용유를 170℃로 가열한다.
오징어에 솔로 박력분을 얇게 펴
바르고 반만 익게 튀긴다. 바로
양념에 담가 30분 동안 둔다.

5 접시에 오징어와 채소를 담고
고수를 흩뿌린다.

4 양파는 얇게 썰고 파프리카는
직사각형으로 썬다. 3에 더해서
30분을 더 둔다.

두부 요리의 정석을 매실 맛으로 상큼하게

연두부 튀김

두부는 일반두부든 연두부든 취향에 따라 선택한다. 두부는 모두 눌러서 물기를 제거하면 맛이 없어지기 때문에 소쿠리 위에 놓고
자연스럽게 물기가 빠지도록 한다. 전분을 묻힐 때는 꼭 솔을 사용하자. 얇고 깔끔하게 바를 수 있기 때문에 튀겨도 기름지지 않을 뿐
만 아니라 잘 벗겨지지 않는다.

재료(2인분)

연두부 1모
매실 소스(→74쪽) 적당량
전분·식용유 각 적당량

요리 팁

정석인 튀김 소스(→129쪽)와 같이 먹어도 물
론 맛있다. 매실 소스는 냉두부에 뿌려 먹어도
맛있다.

1인분
172kcal
염분 0.5g

1 두부는 8등분하여 네모나게 자르고 소
쿠리에 가지런히 놓은 다음 30분 두어 자
연스럽게 물기가 빠지도록 한다.

2 식용유를 170℃로 가열한다. 1에 솔로
전분을 얇게 펴 바르고 바삭하게 굽는다.

3 튀겨졌으면 젓가락으로 집어서 끝부분을
기름 면에 10초 정도 대어서 기름이 빠지도
록 한다.

4 접시에 담고 매실 소스를 뿌린다.

노자키 요리장의 요리 레슨 7

매일 도시락

도시락은 하루하루 식사의 연장으로 그렇게 어렵지 않다. 이 책에서 소개한 요리를 조합하여 노자키 스타일로 도시락 만드는 비결을 소개하겠다.

방어 팬 데리야키
(→31쪽)

달걀말이
(→124쪽)

붕장어 프라이
(→133쪽)

꼬투리 강낭콩 깨 무침
(→58쪽)

멸치 산초 영양밥

나들이 도시락에는 빈 상자를 이용해서

나들이에 가져가는 도시락은 매일 먹는 도시락과 목적이 또 다르다. 먹는 사람이 좋아하는 음식을 골라 담는 등 즐겁게 만들자. 도시락 통으로는 다 먹은 과자 상자 등을 이용하는 것을 추천한다. 다 먹은 후에는 그대로 쓰레기통에 버리면 된다. 다 먹고 난 후 빈 통을 집에 가져가는 것보다 훨씬 편하다.

⊙ 물기가 생기지 않고 식어도 맛있는 반찬을

밥도 반찬도 상할 위험이 있기 때문에 모두 식혀서 넣는 것이 철칙이다. 식어도 맛있는 음식이라도 따뜻한 채로 담으면 물크러져 맛이 떨어지기 때문에 주의하자. 밥은 공기가 들어가도록 풀면서 채우면 빨리 식을 뿐 아니라 시간이 지나도 맛있게 먹을 수 있다.

　물기가 생기지 않고 식어도 맛있는 요리는 재료에 간이 확실히 배어 있는 반찬이다. 예를 들어, 데리야키나 닭고기 타츠타아게처럼 간이 센 음식, 간장 조림이나 산적처럼 맛이 스며들어 있는 반찬이다. '맛의 길'이 깔려 있는 건어물류 역시 식어도 맛있는 반찬 중 하나다. 그리고 튀김은 식으면 튀김옷이 흐물거리기 때문에 도시락에는 어울리지 않지만 프라이는 어울린다. 그 밖에도 익은 튀김옷(→133쪽)을 사용한 튀김을 추천한다.

⊙ 먹기 편하도록, 그리고 영양 균형을 생각해서

한 손으로 들고 먹을 수 있는 주먹밥이 먹기 편하듯 반찬도 꼬치를 꽂는 등 먹기 편하도록 궁리하면 더 좋다. 예를 들어, 볶음밥은 랩으로 싸면 먹기 편해진다. 또한 매일 먹는 도시락은 영양 균형을 고려해야 한다. 고기의 갈색, 채소의 초록색이나 빨간색, 달걀의 노란색 등 한눈에 봤을 때 같은 색으로 치우치지 않았다면 영양적으로도 균형이 잡혀 있다는 뜻이다. 단 음식, 짠 음식 등 맛도 다양하면 금상첨화다.

⊙ 반찬 담는 법은 가장자리에서 가운데로

뚜껑을 열었을 때 반찬이 뭉개져 있으면 도시락으로서 꽝이다. 뭉개지지 않게 담는 비결이 있다.

　준비한 반찬을 '반찬 공간'에 그저 마구잡이로 채우는 것이 아니라 모양이 제대로 잡혀 있는 달걀말이나 생선구이 같은 요리를 골라서 먼저 가장자리부터 채워 나간다. 사각형이나 직사각형 도시락 통은 모서리 부분에, 타원형이나 동그란 도시락 통은 가장자리 쪽에 놓는다. 그후 남는 부분에 모양이 잡혀 있지 않은 채소 무침 같은 요리를 채운다. 이런 반찬들은 도시락 통 안에 따로 구분되는 컵에 넣어 담으면 맛이 섞이지 않고 잘 뭉개지지 않는다. 옆에 있는 반찬의 빛깔도 생각하면 좋을 것이다.

　또한 도시락 통에 밥을 먼저 넣을지 반찬을 먼저 넣을지는 취향에 따라 하면 된다.

⊙ 담기 비결

1 먼저 가장자리에 모양이 제대로 잡혀 있는 달걀말이를 놓는다.

2 다른 가장자리에는 컵에 넣어 주변을 고정한다.

3 빈 공간은 모양이 망가지기 쉬운 반찬으로 채운다.

도자기 그릇 다루는 법

도기의 따뜻한 분위기는 요리를 한층 더 먹음직스럽게 한다. 오래 보관해 두면 빛깔이 변하는 것을 '길이 든다'고 하는데, 그것도 조심조심 쓰기 때문에 생기는 표정이다. 오래오래 아름답게 쓰는 도자기 다루는 법을 정리해봤다.

⊙ 매일 쓰는 법

금이 간 듯한 무늬가 있는 그릇, 덤벙 다완 등 하얀 도자기는 평소부터 충분히 수분을 빨아들이게 한 다음 요리를 담는다. 이렇게 하면 요리의 물기나 유분이 잘 스며들지 않게 된다.

유약이 발라져 있지 않아도 비젠야키처럼 빛깔이 진한 그릇은 때가 눈에 잘 띄지 않는다. 그러나 도자기 그릇을 물에 적셔 두면 촉촉해져서 요리가 돋보이는 장점도 있다.

⊙ 보관할 때는 뜨거운 물에 넣었다가 말린 후에

물기가 많은 요리를 그대로 담아 두거나 설거지통에 오랜 시간 담가 두면, 때나 냄새가 배기 때문에 되도록 빨리 씻는다. 세제가 남지 않도록 충분히 물로 씻고 마른 행주 위에 놓고 말린다. 표면이 마른 것처럼 보여도 수분이 있는 경우가 많기 때문에 완전히 말려야 한다.

씻을 때 마지막에 뜨거운 물에 한 번 담그는 것이 빨리 건조시키는 비결이다. 오래 쓰지 않을 때는 습기가 없는 곳에 보관하자.

⊙ 처음 쓸 때는 수분을 빨아들이게 한다

도자기 바닥 굽에 까칠까칠한 느낌이 남아 있을 때는 그대로 쓰면 테이블이나 쟁반에 흠이 생긴다. 따라서 고운 사포로 부드럽게 간 다음 사용한다. 유약을 바르지 않은 도자기(비젠야키 등)나 부드러운 도자기(덤벙 다완, 하기야키 등)는 그대로 쓰기 시작하면 간장이나 조미료 색깔이 배어들어 잘 지워지지 않는다. 처음 쓸 때는 물에 반나절 정도 담가 두었다가 사용하자. 물에 담갔을 때 색이 변한다면 특히 물이 잘드는 타입이기 때문에 쌀뜨물에 담가 10분 정도 끓여서 '메도메'를 한다. 흙과 흙 사이 틈을 쌀겨가 채워 때가 들어가기 어렵게 만들어준다. '간뉴'라 불리는 잔 금이 있는 도자기도 이 작업이 필요하다.

15분~1시간 정도 전에 물에 담가 둔다.

얼룩 진 덤벙 다완 접시. 흰 도자기는 특히 얼룩이 눈에 띄기 때문에 주의해야 한다.

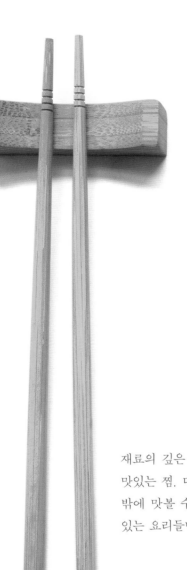

제5장

평온해지는 맛

조림 찜 전골

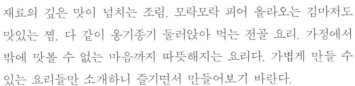

재료의 깊은 맛이 넘치는 조림. 모락모락 피어 올라오는 김마저도
맛있는 찜. 다 같이 옹기종기 둘러앉아 먹는 전골 요리. 가정에서
밖에 맛볼 수 없는 마음까지 따뜻해지는 요리다. 가볍게 만들 수
있는 요리들만 소개하니 즐기면서 만들어보기 바란다.

신선한 흰 살 생선의 담백한 맛을 느낄 수 있는
담백한 도미 조림

물과 국간장, 술, 다시마로 삼삼하고 '담백하게' 조리기 때문에 재료의 맛과 풍미가 도드라진다. 국물은 물 15 : 술 1 : 간장 1로 만든 다. 삼삼하지만 이렇게만 해도 생선의 맛이 돋보인다. '생선에 소금을 뿌려 '맛의 길'을 깔고, 끓는 물에 담가 하얗게 살짝 익혀, 단시간 에 조린다'는 세 가지 포인트를 기억하자. 나아가 생선에 식물성 단백질인 두부를 조합하면 맛이 더욱 좋아진다.

1인분
183kcal
염분 2.5g

재료(2인분)

도미 2토막
대파 작은 것 1개
생 표고버섯 2개
두부 ⅓모
산초나무 어린잎 약간

국물
　물 600㎖
　술 40㎖
　국간장 40㎖

국물용 다시마 5㎝ 조각 1장
소금 1작은술

※대용 → 도미는 대구나 금눈돔 등 흰 살 생선으로

1 도미의 양면에 균일하게 소금을 뿌리고 20~30분간 둔다. 대파는 크게 썰고 표고버섯은 줄기를 떼어낸다. 두부는 네모나게 썬다.

2 대파와 표고버섯을 끓는 물에 데친다.

3 2 냄비의 끓는 물에 도미를 체망에 올려 살짝 넣었다가 표면이 하얘지면 건진다. 바로 얼음물에 넣고 건져 물기를 제거한다.

4 냄비에 도미, 채소, 두부, 다시마와 국물 재료를 넣고 가열한다.

요리 팁

생선은 뜨거운 국물에 넣어야 한다고 생각하기 쉬운데, 찬물도 괜찮다. 뜨거운 국물에 넣으면 표면에 열이 너무 들어가서 생선의 맛과 국물이 서로 오가지 못해 맛있어지지 않는다.

남은 국물은 우동이나 메밀국수, 죽에 쓰면 좋다.

5 끓어오르면 불을 약으로 줄이고 1~2분간 더 끓인다. 접시에 도미, 두부, 채소와 국물을 담고 산초나무 어린잎을 곁들인다.

전자레인지로 만드는 생선 조림

시간이 없거나, 간편하게 만들고 싶을 때는 전자레인지를 이용하면 편리하다. 전자레인지로 생선 조림도 만들 수 있다.
분량은 담백한 도미 조림과 같다. 생선은 소금을 뿌리고 끓는 물에 넣었다 뺀 다음 생선이 국물에 완전히 잠기게끔 그릇에 담아 랩을 씌우고 1인분당 2분씩 가열해 접시에 담는다. 전자레인지로 가열하면 생선의 풍미가 국물로 나오기가 어렵고 식으면 금방 딱딱해지므로 만들고 나서 바로 먹자.

맛이 고급스러운 생선을 담백하게 먹을 수 있는

가자미 간 무 조림

조리는 동안 가자미의 맛이 국물로 나오기 때문에 육수는 필요 없다. 물로 해도 충분하다. 생선 조림의 기본 배합은 물+술 8 : 미림 1 : 간장 1이지만 간 무 조림은 물+술 6 : 미림 1 : 간장 1이다. 약간 맛이 진하게 느껴질 수도 있는데, 간 무를 넣기 때문에 적당하다.

1인분
261kcal
염분 2.7g

재료(2인분)

가자미 2토막
대파(5㎜로 썰어서) 약간
유자 껍질(채 썰어서) 약간
간 무(물기를 짜서) 200g
파드득나물 약간

국물
　술 180㎖
　물 180㎖
　미림 60㎖
　간장 60㎖

국물용 다시마 6㎝ 조각 1장
소금 1작은술

요리 팁

간 무는 만들고 나서 20분 이내에 사용하자. 20분 이상 지나면 물크러져 냄새가 나기 때문이다. 만들어뒀을 때는 물로 씻어서 사용한다. 또한 작은 뚜껑으로 덮으면 국물이 적어도 재료 전체에 맛이 밴다. 단, 종이나 알루미늄 포일처럼 가벼운 것은 효과가 없다.

1 가자미는 양면에 소금을 뿌리고 20~30분간 둔다. 뜨거운 물에 잠깐 담갔다가 얼음물에 담가 찌꺼기 등을 제거하고 물기를 닦는다.

3 냄비에 다시마를 깔고 1을 가지런히 놓은 후 국물 재료를 넣고 강불로 끓인다. 끓어오르면 거품을 걷어내고 중불로 줄여 작은 뚜껑을 덮고 2~3분간 조린다.

2 간 무는 체에 올려 물에 살짝 담갔다가 물기를 짠다. 파드득나물은 큼직하게 썬다.

4 2를 더해 따뜻해지면 불을 끈다. 국물까지 모두 접시에 담고 대파와 유자 껍질을 곁들인다.

토마토의 단 맛과 풍미가 살아 있는

금눈돔 토마토 조림

금눈돔도 토마토도 풍미가 진하기 때문에 물과 싱거운 조미료만으로 충분히 깊은 맛이 나는 조림을 만들 수 있다. 잘 익은 토마토에 글루탐산이 많기 때문에 가능하면 새빨갛게 익은 토마토를 고르자.

재료(2인분)

금눈목 2토막	**국물**
잘 익은 토마토 1개	**물** 120㎖
그린 아스파라거스(소금물에 데쳐서) 2개	**술** 120㎖
우엉 ½개	**설탕** 1½큰술
생강(바늘처럼 가늘게 썰어서) 약간	**간장** 1½큰술
소금 ½작은술	**미림** 1작은술

1인분
222kcal
염분 2.2g

1 금눈돔은 양면에 소금을 뿌리고 20~30분간 둔다. 뜨거운 물에 담갔다가 얼음
  물로 옮겨 찌꺼기 등을 제거하고 물기를 닦는다.

2 토마토는 반달 모양으로 썬다. 우엉은 껍질을 깎고 6㎝ 길이로 자른 후 세로로
  반을 잘라 칼등으로 두드린다.

3 냄비에 국물에 쓸 물, 술, 설탕, 간장을 넣고 1과 2를 추가해 강불로 놓는다. 토
  마토 껍질이 벗겨지려고 하면 껍질을 떼고 거품을 걷어내면서 중불로 내려 국물
  을 조린다.

4 국물이 졸면 미림을 두르고 섞으면서 국물이 거의 없어질 때까지 조린다. 접시
  에 담고 그린 아스파라거스, 바늘처럼 얇게 썬 생강을 곁들인다.

맛있는 국물과 함께 먹는

튀긴 넙치 아라레 조림

넙치의 '두부 튀김' 버전이라고 보면 된다. 육수에 담가 퍼진 상태보다 적당히 익힌 넙치를 국물과 함께 먹는 맛이 일품이다. 먹기 직
전에 만들어서 바로 먹자.

재료(2인분)

넙치 2토막	**국물**
파프리카(빨강·노랑·초록) 각 적당량	**육수** 240㎖
무순 ¼팩	**국간장** 2큰술
간 무(물기를 짜서) 50g	**미림** 2큰술
전분 적당량	**두반장** 1작은술
식용유 적당량	

1인분
208kcal
염분 1.8g

1 파프리카는 작게 깍둑 썬다. 무순은 뿌리 부분을 묶어서 살짝 데친 후 물기를 짠
  다. 간 무는 체에 올려 물에 살짝 담갔다가 건져 가볍게 물기를 제거한다.

2 넙치는 솔로 전분을 가볍게 펴 바른다. 식용유를 170℃로 가열하고 빠르게 튀
  긴다.

3 냄비에 국물 재료를 넣고 끓인 다음 2를 더해서 재빨리 조린다. 파프리카와 간
  무를 더하여 파프리카가 가볍게 익으면 접시에 담고 무순을 곁들인다.

조림·찌·전골

추운 겨울에 먹는 기본 조림을 고급스러운 맛으로

방어 무 조림

육수를 쓰지 않고 국물도 너무 진하지 않아 고급스러운 맛이 난다. 흰 밥에 잘 어울리는 진한 맛은 아닐지도 모르지만, 재료의 순박한 풍미를 충분히 즐길 수 있다. 방어 뼈를 넣어도 좋다. 뼈를 쓸 때도 소금을 뿌린 다음 뜨거운 물에 담가 꼭 손질을 해야 한다.

재료(2인분)

방어 2토막
무 200g

국물
　물 240ml
　술 80ml
　미림 40ml
　간장 40ml
　설탕 1⅓큰술

소금 1작은술
겨울철 혼합 고명(→73쪽) 적당량

1인분
315kcal
염분 2.6g

요리 팁

무는 껍질을 깎으면 모양과 식감이 부드러워지고 모양이 망가지지 않는다. 손이 더 가지만 해두면 결과물이 달라진다.

1 방어는 양면에 소금을 뿌리고 20~30분간 둔다. 토막이 크면 반으로 잘라 끓는 물에 담갔다가 찬물로 옮겨 찌꺼기 등을 제거한다.

2 무는 동그랗게 자르고 껍질을 벗긴다.

3 물에 쌀을 약간 넣고(재료표 외) 무를 넣어 부드러워질 때까지 삶는다. 꼬치를 꽂아 들어 올려도 떨어지지 않을 정도로 삶아졌으면 물로 씻는다.

4 냄비에 물, 술, 미림은 전부, 간장은 분량의 ⅓, 설탕, 방어와 무를 넣고 가열한다. 끓어오르면 거품을 걷어내고 1분 동안 조린 후 방어를 꺼낸다.

5 국물을 졸여 기포가 커지면 나머지 간장을 두 번에 걸쳐서 넣으면서 20분 정도 졸인다. 방어를 다시 넣고 덥힌다. 접시에 국물과 같이 담고 겨울철 혼합 고명을 올린다.

달짝지근 윤기 있는 소스가 식욕을 자극한다

윤기나는 도미 조림

생선은 너무 조리지 않는 것이 원칙이다. 도미 조림의 먹음직스러운 '윤기'는 간장과 설탕, 미림을 강불로 졸여서 나오는 것이다. 도미에 열이 너무 들어가지 않도록 가볍게 조려 꺼낸다. 국물이 어느 정도 졸았을 때 도미를 다시 넣어 표면에 살짝 묻힌다.

1인분
204kcal
염분 2.3g

재료(2인분)

도미(3장 뜨기) 1장(200g)
우엉 10cm
생 표고버섯 2개
술 ¾컵
물 ¾컵
간장 1½큰술
설탕 1큰술
미림 1작은술
소금 1작은술
생강(바늘처럼 가늘게 썰어서) 적당량
산초나무 어린잎 적당량

1 도미는 양면에 소금을 뿌리고 20~30분간 둔다. 크기가 크면 4조각으로 자른다. 끓는 물에 넣었다가 찬물에 넣어 찌꺼기 등을 제거하고 물기를 닦는다.

2 우엉은 껍질을 깎아서 씻고 반으로 자른 후 세로로 반을 자른다. 표고버섯은 줄기를 뗀다.

3 냄비에 술, 물, 1, 2를 넣고 가열하여 끓어오르면 거품을 걷어내고, 설탕, 간장을 더해 1분 정도 조린 다음 도미를 꺼낸다.

4 국물이 절반 정도로 줄어들고 기포가 커지면 도미를 다시 넣어 국물을 끼얹으면서 조린다.

5 국물이 거의 없어지면 미림을 넣고 도미를 굴리면서 잘 섞는다. 접시에 담고 바늘처럼 썬 생강을 곁들이고 산초나무 어린잎을 흩뿌린다.

요리 팁

도미를 통째로 사거나 받았을 때는 몸통은 회를 뜨고 머리나 가슴지느러미 부분만으로 조림을 만들어도 아주 맛있다. 도미에서 나온 젤라틴이 광택을 내 맛이 훨씬 더 진해진다.

초밥집 기본 메뉴도 가정에서 맛있게

붕장어 조림

붕장어는 점액이 있어서 비린내가 난다. 칼등으로 꼼꼼하게 긁어내서 흐르는 물에 씻으면 폭신하고 달짝지근한 붕장어 조림을 만들 수 있다. 끓는 물에 넣으면, 점액이 잘 떨어져나가기 때문에 가정에서도 쉽게 만들 수 있다.

1인분
149kcal
염분 1.7g

재료(2인분)

펼친 붕장어 1장

국물
　물 150㎖
　술 ½컵
　미림 2큰술
　간장 2큰술
　설탕 1큰술

국물용 다시마 6㎝ 조각 1장
대파 푸른 부분 적당량
간 생강 적당량

요리 팁

에도마에 초밥의 정석인 붕장어 조림은 살이 폭신하며 단 맛이 기품 있게 나서 인기 있는 요리 중 하나다. 이 요리를 집에서도 만들 수 있으면 얼마나 좋을까? 미리 손질만 제대로 해둔다면 의외로 간단히 만들 수 있다. 붕장어는 가능하면 신선한 것으로 골라야 한다. 신선할수록 비린내가 없기 때문이다.

1 붕장어는 반으로 잘라 끓는 물에 살짝 담갔다가 얼음물에 담근다.

2 도마에 껍질 면이 위에 오도록 놓고 칼등으로 긁어서 점액을 제거한다.

4 붕장어를 접시에 담고 간 생강을 곁들인다.

3 냄비에 국물 재료를 넣고 다시마를 깐 후 대파와 껍질 면이 아래로 오도록 붕장어를 넣고 중불로 가열한다. 냄비를 비스듬히 기울여 국물에 붕장어가 잠기게 하면서 절반으로 졸 때까지 끓인다.

프라이팬으로 간단하게 만드는 진한 조림

붕장어 팬 데리니

붕장어는 적당히 가열했을 때 살이 폭신하고 맛도 최고다. 완성된 상태를 그대로 유지하기 위해서는 오래 조리지 않아야 한다. 팬으로 살짝 굽다가 꺼내서 소스만 졸인 다음 마지막에 같이 넣어 섞어준다.

1인분
194kcal
염분 0.7g

재료(2인분)

펼친 붕장어 1장
술 90㎖
미림 90㎖
간장 1큰술
박력분·식용유 각 정당량
산초나무 어린잎 약간

요리 팁

붕장어는 부드럽기 때문에 꼬치를 꽂아 고정하여 살이 흐트러지지 않도록 한다. 꼬치가 없다면 가지런히 놓고 뒤집개로 조심조심 다루자. 소스 배합은 술 6 : 미림 6 : 간장 1이다. 달짝지근한 맛이 밥에 자꾸 손이 가게 한다. 도시락 반찬으로도 제격이다.

1 붕장어는 반으로 자르고 꼬치 세네 개를 각각 살 속에 꽂는다.

2 1에 박력분을 솔로 얇게 펴 바르고, 식용유를 둘러 달군 프라이팬에 양면을 살짝 구운 다음 꺼낸다.

3 키친타월로 프라이팬 안에 기름을 닦고, 술, 미림, 간장, 2를 넣고 중불에 끓여 국물을 섞으면서 물기가 없어질 때까지 조린다.

4 꼬치를 빼고 접시에 담아 산초나무 어린잎을 올린다.

흰 재료의 색을 살려 소금으로 담백하게

돼지고기 순무 소금 조림

돼지고기 덩어리를 장시간 소금에 절이면 불필요한 수분이 빠져나와 표면이 단단해지면서 맛이 그 속에 응축된다. 이 요리도 마찬가지로 돼지고기를 소금에 절여 두는데, 여기서는 작게 썰기 때문에 20분 정도면 충분하다. 그 심플한 맛이 부드럽게 씹히는 순무에 배어든다.

1인분
311kcal
염분 2.5g

재료(2인분)

돼지고기 통삼겹살 150g
순무 2개

국물
　물 2½컵
　소금 1작은술
　국물용 다시마 5cm 조각 1장

소금 적당량
산초가루 ½작은술

※대용 → 돼지고기 통삼겹살은 소고기나 닭고기로 대체할 수 있다. 풍미가 다르기 때문에 각각 또 다른 맛을 낼 수 있다.

요리 팁

남은 국물은 물을 조금 더 타면 맛있는 스프가 된다. 취향에 따라 재료나 고명을 추가해보자.

순무는 껍질 아래에 강한 심줄이 있으니 두껍게 깎아내야 한다. 심줄이 남아 있으면 식감이 나빠진다. 껍질끼리 끓이면 식감이 정리되어 맛있게 먹을 수 있다.

1 돼지고기는 1cm 두께로 네모나게 썰고 소금을 듬뿍 뿌려 가볍게 주무른 다음 20분 정도 둔다. 끓는 물에 담갔다가 찬물에 담근 후 건져 물기를 제거한다.

3 냄비에 국물 재료, 1, 2를 넣고 가열하여 물이 끓어오르면 5분 정도 더 끓여 마지막에 산초가루를 뿌린다.

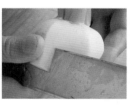

2 순무는 줄기를 약간 남기고 두껍게 껍질을 벗겨 4등분해서 뜨거운 물에 담갔다가 건져 물기를 제거한다.

씹는 맛이 일품, 힘이 나는 돼지고기 장조림

돼지고기 조림

짧은 시간에 조리는, 맛이 진한 돼지고기 장조림이다. 삼겹살에서 지방과 콜라겐이 나와 국물을 진하게 만든다. 흰 쌀밥과 잘 어울리며 힘이 솟는 맛이다. 미리 작업을 해서 잡내를 확실히 잡아내야 고급스럽게 만들 수 있다.

1인분
682kcal
염분 2.5g

재료(만들기 편한 양)

돼지고기 통삼겹살 300g

국물
　물 ¾컵
　술 ¾컵
　설탕 5큰술
　간장 2큰술

대파 푸른 부분 1개
쑥갓 1묶음
소금 약간

요리 팁

고기를 조릴 때는 처음부터 마지막까지 뚜껑을 덮지 않고 조린다. 뚜껑을 닫고 조리면 고기 비린내가 남는다. 대파 푸른 부분은 고기를 조릴 때 향미 채소로서 큰 역할을 한다. 국물이 차가울 때 넣으면 파 냄새가 나기 때문에 반드시 국물이 끓어오르고 나서 넣어야 한다.

1 돼지고기는 2cm 두께로 한 입 크기로 썰고 끓는 물에 담근다. 찬물로 옮긴 후 건져 물기를 제거한다.

2 냄비에 국물 재료와 1을 넣고 강불에 올려 한소끔 끓어오르면 조심히 거품을 걷어내고 대파를 넣는다.

4 쑥갓은 소금물에 데쳐 물기를 짜고 3cm 길이로 썬다.

5 접시에 돼지고기 조림을 담고 쑥갓을 곁들인다.

3 강불 그대로 조리다가 국물이 졸고 기포가 커지면 냄비를 기울인다. 냄비를 돌려 국물을 입히면서 다 졸았을 때쯤 불을 끄고 대파를 뺀다.

반찬을 하나 추가할 때 편리한

닭 날개 간장 조림

날개는 닭이 자주 움직이는 부위기 때문에 육질이 딱딱한 편이지만 풍미가 진하다. 또한 조릴 때 껍질에서 나오는 젤라틴도 맛볼 수 있다. 재료도 저렴하게 구할 수 있기 때문에 만들어서 보관해두면 좋다. 바로 낼 수 있는 술안주나 뭔가 아쉬울 때 추가하는 반찬으로, 도시락 반찬으로 담아도 좋다.

1인분
265kcal
염분 2.7g

재료(2인분)

닭 날개 4개
무 160g
브로콜리(소금물에 데쳐서) 적당량

국물
  물 2½컵
  간장 4큰술
  미림 2큰술
  국물용 다시마 5㎝ 조각 1장

홍고추(씨를 제거) 1개
대파 푸른 부분 적당량
연겨자 약간

요리 팁

뼈 있는 고기는 뼈에서도 풍미가 천천히 나오기 때문에 가열 시간을 길게 잡아야 한다. 또 고기에 풍미를 남겨 두기 위해서는 부드럽게 끓여야 한다. 따라서 끓이는 온도를 80℃로 하자. 이 80℃가 바로 고기가 잘 익으면서도 풍미까지 살릴 수 있는 온도다.

1 닭 날개는 끓는 물에 담갔다가 찬물로 옮긴 다음 물기를 제거한다.

2 무는 껍질을 벗기고 1㎝ 두께 반달 모양으로 썬 후 물에 10분 정도 미리 데쳐 70퍼센트 정도 익힌다.

3 냄비에 국물 재료, 1, 2, 홍고추를 모두 넣고 불에 올린다.

4 끓어오르면 약불로 줄여 대파 푸른 부분을 더하고 80℃를 유지하면서 거품을 걷어내며 20분 정도 조린다. 접시에 담고 국물을 부어 브로콜리와 연겨자를 곁들인다.

술안주로도 어울리는 깔끔한 맛

닭고기 초 조림

조림을 마무리할 때 식초를 약간만 더하면 비린내가 없어지고 맛이 깔끔해진다. 초 조림은 식초를 처음부터 많이 넣고 끓이는 요리다. 그래서 신 맛이 잘 느껴지지 않는다. 양조 식초는 가열하는 동안 코를 찌르는 신 맛이 날아가고 풍미만 남는다. 닭고기는 미리 구워서 불필요한 지방을 제거해 깔끔하게 만든다.

1인분
461kcal
염분 2.8g

재료(2인분)

닭다리살 1개
꼬투리 완두콩 적당량

국물
　술 1컵
　물 1컵
　식초 1컵
　미림 ¼컵
　간장 ¼컵
　홍고추 1개

대파 푸른 부분 1개
소금 적당량
연겨자 약간

※대용 → 정어리나 고등어 등 등푸른 생선으로

1　닭고기는 소금을 살짝 친다. 프라이팬을 달구어 껍질 면이 아래로 오게 해서 넣고 껍질에서 나오는 지방으로 굽는다. 노릇해지면 뒤집어서 뒷면도 똑같이 노릇하게 구운 후 끓는 물에 살짝 담가 불필요한 지방을 제거한 다음 건져 물기를 제거한다.

2　냄비에 국물 재료를 끓이고 1을 넣는다. 끓어오르면 대파 푸른 부분을 더해서 3분 끓이고 불을 끈다. 남은 열로 익힌다. 대파는 뺀다.

3　꼬투리 완두콩은 줄기를 제거하고 빛깔이 살아나도록 소금물에 데친다.

4　닭고기를 꺼내서 먹기 좋은 크기로 썰고 접시에 담아 국물을 넣고 3을 곁들인다. 연겨자를 중앙에 올린다.

요리 팁

고기는 남은 열로 익히면 육즙이 배어나와 천천히 조릴 수 있다. 닭고기의 지방은 상온에서도 굳지 않기 때문에 그대로 맛있게 먹을 수 있다. 지방이 걱정된다면 따뜻하게 데운 국물에 넣어 약간만 따뜻하게 하거나 껍질 면을 프라이팬으로 살짝 구워보자. 도시락 반찬으로 담을 때는 국물을 빼고 넣자.

도시락 반찬으로도 안성맞춤, 양념이 어우러진 진한 맛

소고기 케첩 조림

소고기 케첩 조림은 돼지고기보다 더 진하고 단 맛이 강하다. 소고기는 기름이 많고 풍미도 강하기 때문에 달짝지근한 맛과 잘 어울린다. 게다가 걸쭉하게 만들어서 식어도 딱딱하지 않아 맛있게 먹을 수 있다.

1인분
415kcal
염분 2.8g

재료(2인분)

소고기 우둔살 덩어리 250g
브로콜리 적당량
생강 30g

양념
　술 ½컵
　물 ½컵
　설탕 5큰술
　간장 2큰술

토마토케첩 3큰술
전분 1작은술
소금 약간

1 소고기는 약간 두껍게 비스듬히 썰어서 끓는 물에 담갔다가 찬물로 옮긴 다음 건져 물기를 제거한다.

2 브로콜리는 잘게 떼서 소금물에 데친다. 생강은 아주 얇게 채 썰고 물에 담갔다가 건져서 물기를 제거한다.

3 냄비에 양념 재료와 1을 넣고 강불에 끓인 후 국물이 절반으로 졸고 기포가 커지면 토마토케첩을 넣고 한소끔 끓인다. 같은 양의 물에 푼 전분을 넣어 걸쭉하게 만든다.

4 3을 접시에 담아 브로콜리를 곁들이고 채 썬 생강을 가운데에 올린다.

요리 팁

소고기를 두껍게 자르기 때문에 강불에 끓여도 풍미가 충분히 남는다. 걸쭉하게 만들어 국물을 남기지 않고 재료에 묻히기 때문에 양념으로 빠져나온 맛까지 모두 놓치지 않는다. 남은 양념은 밥에 비벼 먹어도 맛있다.

맛있는 국물도 같이 먹을 수 있는

소고기 국물 조림

국물을 팔팔 끓여 남은 열로 익히는 '국물 조림(니비타시)'은 국물이 맛있어야 한다. 소의 안심은 지방의 깊은 맛과 고기의 풍미가 모두 풍부하여 같이 끓이는 채소도 맛있어진다. 재료에서 맛이 배어나오기 때문에 가다랑어와 다시마 육수는 필요 없다. 물 10 : 술 1 : 간장 1 비율로 연하게 끓인다.

1인분
313kcal
염분 1.1g

재료(2인분)

소고기 안심(얇게 썰어서) 100g
가지 2개
대파 ½개
생강 20g

국물
  물 250㎖
  술 25㎖
  간장 25㎖
  국물용 다시마 3㎝ 조각 1장

식용유 적당량

요리 팁

소고기는 너무 익히면 맛이 없으니 반드시 불을 끄고 나서 넣어야 한다. 남은 열로 익히면 적당히 부드럽게 익는다. 고수를 찢어서 위에 뿌리면 에스닉한 맛이 난다.

1 소고기는 끓는 물에 담갔다가 찬물로 옮긴 후 건져 물기를 제거한다.

2 가지는 세로로 반을 잘라 세로 5㎜ 폭으로 썬다. 대파는 굵은 직사각형 모양으로 썬다. 생강은 아주 얇게 채 썰고 물에 담갔다가 건져 물기를 제거한다.

3 식용유를 160℃로 가열하고 가지를 살짝 담갔다가 꺼내 기름기를 제거한다.

4 냄비에 국물 재료를 넣고 한소끔 끓인 다음 대파, 생강, 가지를 넣는다. 살짝 끓이다가 불을 끈 다음 소고기를 넣어 섞으면서 국물이 배게 한다. 그대로 상온이 될 때까지 식히고 국물과 함께 그릇에 담는다.

저장 음식으로도, 도시락 반찬으로도 손색없는

소고기 조림

소고기의 맛을 제대로 느끼기 위해서는 표면에만 양념을 묻혀야 한다. 고기를 촉촉하게 하기 위해 가볍게 익으면 소고기를 꺼내고 양념을 따로 졸이다가 마지막에 다 같이 한 번 슬쩍 섞는 것이 포인트다.

한 그릇
2145kcal
염분 4.7g

재료(만들기 편한 양)

소고기 안심(얇게 썰어서) 500g
생강 20g

양념
　술 1¼컵
　물 1¼컵
　설탕 5큰술
　미림 ½컵
　간장 ½컵

물엿 5큰술

요리 팁

국물을 300㎖ 정도 남기면 다시 데우거나 다른 요리에 사용할 때 편리하다. 또한 물엿을 넣으면 윤기가 날 뿐 아니라 수분이 남아 있는 부드러운 식감 그대로 보존할 수 있다.

1 소고기는 3㎝ 폭으로 잘라서 끓는 물에 담갔다가 찬물로 옮긴 다음 건져 물기를 제거한다.

2 생강은 채 썰어서 물로 씻은 다음 건져 물기를 제거한다.

3 냄비에 양념 재료와 1을 넣고 불에 올려 소고기를 익힌다.

4 바로 소고기를 체로 건지고 나머지 양념을 졸인다.

5 양념이 졸고 기포가 커지면 소고기를 다시 넣고 생강을 더해 섞는다. 마지막으로 물엿을 넣어 전체적으로 섞어준다.

소고기 조림을 사용해 만드는 또 다른 요리

소고기 조림을 저장 음식으로 보관해두면 흰 밥과 함께 먹을 수 있을 뿐 아니라 다양한 요리로 응용할 수 있다.

소고기 덮밥

재료(2인분)

따뜻한 밥 2인분	**국물**
소고기 조림 150g	**소고기 조림 국물** $\frac{1}{2}$컵
양파 $\frac{1}{2}$개	**술** 2큰술
산초가루 약간	**물** 2큰술
생강 초절임 적당량	

1인분
509kcal
염분 1.3g

1 양파를 1*cm* 폭 초승달 모양으로 썬다. 냄비에 국물 재료를 넣고 양파를 더해 살짝 졸인다.

2 약불로 줄여 소고기 조림과 산초가루를 넣어 국물과 섞는다. 덮밥 그릇에 밥을 담고 소고기와 양파를 올린 후 생강 초절임을 뿌린다.

1인분
312cal
염분 1.6g

고기 두부

재료(2인분)

소고기 조림 150g	**국물**
두부 $\frac{1}{2}$모	**소고기 조림 국물** $\frac{1}{2}$컵
우엉 40g	**물** 1컵
대파 1개	**간장** 1큰술
미나리 $\frac{1}{2}$다발	

1 두부는 큼직하게 썰고 우엉과 대파는 어슷하게 썬다. 미나리는 삶아서 먹기 좋게 자른다.

2 냄비에 국물 재료를 넣고 두부, 우엉, 대파를 더해 끓인다. 우엉이 익으면 소고기 조림을 넣고 한소끔 끓인 후 접시에 담는다. 미나리를 국물에 살짝 섞어 곁들인다.

뿌리 채소와 닭고기 맛이 절묘하게 잘 어울리는

닭고기 채소 조림

닭고기 채소 조림(지쿠젠니)은 집밥을 대표하는 채소 조림으로 원래는 후쿠오카 지쿠젠 지방의 향토 요리다. 뿌리 채소가 많기 때문에 처음에 미리 데치는 것이 중요하다. 채소를 모두 체에 넣어 한꺼번에 데치면 번거롭지도 않고 시간도 절약된다.

1인분
303kcal
염분 1.5g

닭다리살 1개
토란·연근 각 100g
당근·우엉·삶은 죽순 각 70g
곤약 ½장
생 표고버섯 2개
브로콜리 ½개

양념
  술 160㎖
  물 160㎖
  미림 40㎖
  간장 40㎖
  설탕 2큰술
  국물용 다시마 8㎝ 조각 1장

소금 약간
시치미 고춧가루(취향에 따라) 약간

요리 팁

채소를 화려하게 썰어 오세치 요리의 채소 조림으로 써도 좋다.

예를 들어, 당근은 꽃 모양(→253쪽), 연근은 둘레를 잔 꽃잎 모양으로 깎는다. 토란은 위아래의 단면이 육각형이 되도록 껍질을 벗기고, 우엉은 가운데 부분을 파내서 통 모양으로 만든다. 생 표고버섯도 버섯머리 둘레를 둥글게 벗기면 각이 동그랗게 부드러워지고 흰 부분도 보여 아름답게 보인다. 곤약은 고삐 모양(→253쪽)으로 만들어도 분위기가 난다.

1 토란, 연근, 당근은 껍질을 벗기고 삶은 죽순과 함께 한 입 크기로 마구 썬다. 우엉은 수세미로 껍질을 문질러 씻어내고 얇은 두께로 어슷하게 썬다. 곤약은 한 입 크기씩 썬다. 표고버섯은 줄기를 떼고 4등분한다.

2 1을 체에 넣어 끓는 물에 데치고 건져 물기를 제거한다.

3 닭고기는 한 입 크기로 썰고 2의 뜨거운 물에 데친 다음 찬물에 담갔다가 건져 물기를 제거한다. 브로콜리는 잘게 찢어 살짝 소금물에 데친다.

4 냄비에 2의 채소와 양념 재료를 넣어 강불에 끓인다. 국물이 절반으로 졸면 닭고기를 넣고 국물이 거의 없어질 때까지 섞으면서 조린 후 브로콜리를 추가해서 살짝 더 조린다.

5 접시에 담고 취향에 따라 시치미 고춧가루를 뿌린다.

궁합이 좋은 기름과 만나 더 맛있어진

가지 튀김 조림

수분이 많고 싱싱한 가지는 기름과 만나면 눈에 띄게 맛이 좋아지고 껍질 색도 훨씬 선명해진다. 튀기고 나서 바로 육수로 조리기 때문에 맛이 깊고 밥과 잘 어울린다. 여름부터 더위가 아직 가시지 않은 가을철까지가 제철이니 맛있게 즐기자. 가지는 튀기고 나서 일단 물로 적당히 문질러 기름기를 제거해주면 담백하고 고급스러워진다.

1인분
70kcal
염분 1.8g

재료(2인분)

가지 4개
대파 흰 부분 적당량
생강 적당량

국물
  육수 400㎖
  국간장 40㎖
  미림 40㎖

식용유 적당량

요리 팁

가지는 대충 익히면 식감이 좋지 않기 때문에 꼼꼼하게 속까지 튀겨서 익혀야 한다. 껍질에 칼집을 내고 2개씩 꽂아 꼬치를 만들어 뗏목 모양으로 기름에 넣으면 기름 속에서 빙글빙글 돌지 않고 균일하게 익힐 수 있다.

1 가지는 담을 접시에 맞게 맞춰 썰고 세로 1㎝ 간격으로 칼집을 낸다. 대파와 생강은 얇게 채 썰고 물에 담갔다가 건져 물기를 제거한다.

2 식용유를 160℃로 가열하여 가지 두 개를 꽂아 만든 꼬치를 기름에 넣고 3~4분간 튀긴다. 찬물에 담그고 물속에서 가볍게 문지른 다음 물기를 짠다.

3 냄비에 국물 재료를 끓이고 가지를 넣는다. 1~2분 끓인 후 접시에 담고 1번의 대파와 생강을 얹는다.

바싹 조린 고소함이 매력

우엉 조림

술 3 : 설탕 2 : 간장 1로 달짝지근하게 볶은 반찬의 대표 주자다. 음식점에서 먹듯 얇게 썰어도 고급스럽고 맛있지만, 가정에서는 두껍고 굵게 썰어 우엉의 맛을 돋보이게 해야 밥과 잘 어울린다. 볶을 때는 웍이 편리하지만, 없다면 프라이팬이나 냄비로 해도 좋다.

재료(2인분)

우엉 100g
당근 20g
대파 푸른 부분* 약간

국물
　술 3큰술
　설탕 2큰술
　간장 1큰술

식용유 1큰술
흰 통깨 약간

*버리기 쉬운 부분이지만 단 맛과 향이 있기 때문에 있으면 쓴다.

※대용 → 우엉 대신 수분이 많은 땅두릅 껍질, 머위 등으로

1인분
173kcal
염분 1.3g

요리 팁

매콤하지만 간장 맛이 조금 더 진하게 느껴진다. 단 맛을 좋아하면 설탕을 술과 같은 양으로 늘리면 된다. 육수를 계속 끓여 맛이 배게 하는 방법보다 풍미가 달아나지 않고 우엉 고유의 향이나 바삭한 식감이 살아 있으면서 고소하다. 우엉은 하얗게 조리하지 않기 때문에 물에 담글 필요가 없다.

1 우엉은 수세미로 껍질을 문질러 씻는다. 세로로 칼집을 낸 다음 끝부분을 도마에 대고 연필을 깎듯이 돌려가며 두껍게 깎는다. 당근은 얇게 채 썰고 대파는 큼직하게 대충 썬다.

2 웍에 식용유를 넣어 달구고 우엉, 당근, 대파를 볶는다. 가운데 부분을 비우고 가장자리로 재료들을 밀어낸다.

3 국물 재료를 섞고 웍 중심에 부어 한소끔 끓인다.

4 채소와 섞고 끓어오르면 다시 채소를 냄비 가장자리로 밀어내 국물을 냄비 중심으로 모은다. 가끔 냄비를 돌려 채소에 국물을 입힌다.

5 국물이 졸고 기포가 커지면 채소와 한데 섞는다. 대파를 제외하고 접시에 담아 통깨를 뿌린다.

두반장과 참기름으로 맛을 낸

단호박 조림

단호박 조림(난반니)은 달고 포근하게 조린 전분질이 맛있는 요리다. 하지만 전분질 때문에 너무 익히면 모양이 망가진다. 따라서 국물에 술을 듬뿍 사용해 빨리 증발시켜 불필요한 수분을 남기지 않는 것이 중요하다. 단호박을 겹치지 않게 냄비에 넣고 작은 뚜껑을 덮어 강불로 단숨에 마무리하는 것이 포인트다.

재료(3~4인분)

단호박 300g

국물
물 100㎖
술 130㎖
설탕 3큰술
미림 2작은술
국간장 1작은술보다 약간 많게
두반장·참기름 각 1작은술

1인분
107kcal
염분 0.4g

요리 팁

단호박 조림에 육수는 필요 없고 물이면 충분하다. 호박의 풍미만으로 맛있기 때문이다. 참기름이나 두반장을 사용하여 맛이 잘 정돈되었다. 단 것을 싫어하는 사람들도 좋아할 만한 맛이다. 작은 뚜껑을 덮으면 적은 국물로도 구석구석 맛이 밴다.

1 단호박은 속과 씨를 판 후 3×4
㎝로 네모나게 썬다. 두께가 같도록 몸통 쪽은 평평하게 깎는다. 깎아낸 부분은 된장국 등에 사용한다. 껍질을 몇 군데 깎아서 잘 익을 수 있게 한다.

2 모서리 부분도 깎아서 모양을 손질한다.

3 냄비에 잘 익지 않는 껍질 면을 아래로 하여 겹치지 않도록 나란히 놓는다. 국물 재료를 합쳐서 붓는다.

4 작은 뚜껑을 덮고 강불로 끓여 국물이 끓어오르는 상태에서 조린다.

5 국물이 거의 없어지고 어느 정도 익으면 뚜껑을 빼고 수분을 날린다. 냄비를 흔들면서 국물이 섞여 윤기가 흐를 때까지 조린다.

6 물기가 없어지고, 단호박이 꼬치가 들어갈 정도로 부드러워지고 폭신하게 익으면 완성이다.

채소를 듬뿍 넣어 건강하게

양 상 추 롤

다시마 육수와 간장에 뿌리 채소나 곤약을 넣어 같이 끓이면 맛의 궁합이 좋고 맛도 깊어진다. 전체적으로 맛이 담백하고 채소를 듬뿍 섭취할 수 있기 때문에 건강에 신경 쓰는 분도 편하게 먹을 수 있다.

재료(2~3인분)

속
다진 돼지고기 150g
다진 양파 50g
다진 당근 50g
달걀 1개
국간장 1작은술
전분 1큰술

국물
물 450ml
술 2큰술
국간장 2큰술
국물용 다시마 5cm 조각 1장

양상추 6장
우엉·삶은 죽순·곤약 각 30g
당근 20g
생 표고버섯 2개
대파 흰 부분 적당량
박력분 약간
후추 적당량

1인분
198kcal
염분 1.4g

1 속을 만든다. 양파는 물로 씻고 물기를 짠다. 당근은 1분 정도 삶고 물기를 제거한다. 믹싱볼에 속 재료를 모두 넣고 공기를 넣어주듯 섞는다.

4 대파는 얇게 채 썰어 물에 담갔다가 건져 물기를 제거해 파채를 만든다.

2 양상추는 살짝 뜨거운 물에 담갔다가 꺼내서 물기를 닦는다. 1장씩 펼쳐 솔로 박력분을 얇게 펴 바른다. 만들어둔 속을 6등분하여 양상추로 싼다.

3 우엉, 죽순, 곤약, 당근은 길고 네모나게 썰고 다 같이 1분 정도 미리 삶는다. 표고버섯은 줄기를 떼고 두껍게 썰어서 뜨거운 물에 살짝 넣은 다음 건져 물기를 제거한다.

6 접시에 채소와 곤약을 깔고 양상추 롤을 담은 다음 국물을 붓고 파채를 올린다. 후추를 듬뿍 뿌린다.

5 냄비에 국물 재료를 모두 넣고 3을 더한 후 2를 가지런히 놓는다. 불에 올려 끓어오르면 아주 약한 불로 줄여 15분간 삶는다.

깊은 맛이 입안 가득 퍼지는 일품 요리

다카노 두부 조림

대표적인 사찰 요리다. 동물성 식품을 쓰지 않고 다카노 두부(얼려서 말린 두부)만 바짝 조리기 때문에 육수로 맛을 낸다. 육수로 속까지 조려서 부드럽게 만들려면 서두르지 말고 천천히 해야 한다. 강불에 조리면 맛이 표면에만 배어든다. 다카노 두부는 불릴 때도 조릴 때도 생각보다 부피가 많이 커지기 때문에 믹싱볼이나 냄비는 약간 큰 것으로 준비하자.

재료(2인분)

말린 다카노 두부* 5장

국물
  육수 800㎖
  미림 100㎖
  국간장 40㎖

*다카노 산의 숙방에서 만들어졌다고 해서 이 말을 쓰게 되었다. 두부를 아주 추운 시기에 얼려 만든 것인데, 현재는 기계로 동결 건조한다.

1인분
334kcal
염분 2.3g

요리 팁

꼬투리 완두콩, 강낭콩, 뿌리 파드득나물 등 푸성귀를 같이 곁들이면 색감이 좋아진다. 데쳐서 육수에 살짝 담갔다가 마무리할 때 곁들이자. 그리고 최근에 물에 불리지 않고 직접 육수에 넣는 다카노 두부도 나왔으니 제품 설명을 보고 그대로 따라하면 된다.

1 믹싱볼에 물을 가득 넣어 다카노 두부를 넣고 믹싱볼보다 작은 뚜껑을 덮어 15분 정도 둔다.

2 믹싱볼의 물을 갈고 다카노 두부를 눌러 씻은 후 또 물을 간다. 이 과정을 반복해서 물이 탁해지지 않으면 손바닥 사이에 두부를 꺼내 눌러 물기를 짜고 한 장을 6등분한다.

3 큼직한 냄비를 준비해서 육수와 미림, 국간장, 다카노 두부를 넣는다. 키친타월을 씌우고 70~80℃ 정도(액체 면이 부글부글 흔들리는 정도)로 20~30분간 조려 속까지 육수가 배게 한다. 육수와 함께 그릇에 담는다.

오래 가기 때문에 저장 반찬으로

톳 조림

반찬으로 쓰는 대표적인 해조류 톳. 해조류에는 깊은 맛이 없기 때문에 기름으로 볶아 깊은 맛을 보충하고 풍미도 잡아야 한다. 거기에 유부도 추가하기 때문에 육수는 필요 없다. 돼지고기 등 동물성 단백질이 더해지면 훨씬 맛있어진다. 톳은 알톳 중 작은 것이 맛있고 부드러워 추천한다.

재료(2인분)

알톳 100g	**양념**	
유부 ½장	**물** 70㎖	
당근 25g	**간장·미림** 각 25㎖	
식용유 1큰술	**설탕** ½큰술	

1인분
140kcal
염분 2.0g

1 알톳은 미지근한 물에 불려 모래나 찌꺼기를 제거하고 끓는 물에 살짝 담갔다가 건져 물기를 짠다.

2 유부는 끓는 물에 잠깐 넣어 기름을 제거하고 세로로 반을 자른 후 자른 면부터 채 썬다. 당근도 얇게 썬다.

3 냄비에 식용유를 넣어 가열하여 알톳을 볶고 유부, 당근도 같이 볶는다. 기름이 구석구석 배면 양념 재료를 더하고 키친타월로 덮어 70~80℃ 정도 약불에서 조린다.

콩과 육수가 한데 어우러져 맛있는

두부 동그랑땡 조림

두부에 간 생마나 채소를 섞어 튀긴 두부 동그랑땡(간모도키). 기러기 고기와 비슷한 맛이 난다는 사찰 요리다. 간토에서는 넓적하고 부피가 크지만 간사이에서는 '히로우스'라고 불리며 작고 모양이 둥글다. 이 요리는 동물성 재료를 쓰지 않기 때문에 육수가 필요하다. 육수 8 : 미림 1 : 국간장 0.5로 조리면 밥반찬으로 딱 좋다.

재료(2인분)

두부 동그랑땡 370g	**국물**	
겨잣가루(물에 개어서) 적당량	**육수** 500㎖	
	미림 60㎖	
	국간장 30㎖	

1인분
474kcal
염분 2.5g

1 두부 동그랑땡은 뜨거운 물에 1분 동안 담가서 기름을 제거하고 물기를 꼭 짠다.

2 냄비에 국물 재료를 모두 넣어 한소끔 끓이고 두부 동그랑땡을 넣는다. 키친타월을 씌우고 70~80℃ 정도(액체 면이 부글부글 흔들릴 정도)에서 조린다.

3 국물과 함께 그릇에 담고 겨자를 곁들인다.

달콤한 콩자반은 마음이 따스해지는 맛

호랑이콩 조림

호랑이콩은 알이 크고 포동포동 부풀어 있으며 껍질은 부드럽고 맛은 순해서 콩자반에 딱 어울린다. 건조된 콩은 충분히 불린 후에 천천히 맛을 배게 하는 것이 포인트다. 재료 준비 단계에서도 강불은 절대 쓰면 안 된다. 콩의 전분질이 뭉개지기 때문이다. 또한 설탕이 표면에 벽을 만들어 단 맛이 속까지 배어들지 않고 타기 쉬워진다.

재료(2인분)

말린 호랑이콩* 100g
설탕 80g
국간장 1큰술

*강낭콩과 비슷하며 호랑이 피부처럼 반점이 있다고 해서 붙은 이름이다.

※대용 → 호랑이콩은 강낭콩 종류의 다른 콩으로

1인분
277kcal
염분 1.6g

1 호랑이콩은 물에 반나절~하루 동안 담가 불린다.

2 물을 갈고 가열하여 끓어오르면 삶은 물은 버린다. 이 과정을 두 번 반복한다.

3 호랑이콩에 물을 새로 더해서 키친타월을 씌우고 부드러워질 때까지 약한 중불에서 삶는다. 중간에 상태를 살펴보고 거품을 걷어낸다. 콩이 손가락으로 뭉개질 정도로 부드러워지면 설탕을 세 번에 걸쳐 넣는다.

4 70~80℃(부글부글 액체 면이 흔들릴 정도)에서 천천히 삶아 단 맛이 들게 한다.

5 설탕이 전부 녹으면 마지막으로 간장을 더한다. 조미료가 구석구석 배어들도록 냄비를 흔들면서 바짝 조리고 총 3~4시간 동안 끓인다.

콩과 닭고기 육수가 있어 채소가 맛있어진

콩과 닭고기 스프

작게 썬 채소가 듬뿍 들어간 이탈리안 스프를 미네스트로네라고 하는데, 여기에 뿌리 채소와 콩을 가미해봤다. 닭고기의 풍미 덕분에 간이 약해도 많이 먹을 수 있는 건강한 스프다.

1인분
163kcal
염분 2.4g

재료(2인분)

물에 싱겁게 익힌 콩(콩 통조림) 50g
닭다리 살 80g
무 50g
당근 30g
곤약 30g
생 표고버섯 2개
그린 아스파라거스 적당량
소금 적당량

국물
　물 2½컵
　국간장 25㎖
　술 2작은술
　국물용 다시마 8㎝ 조각 1장

요리 팁

콩은 마른 것을 미리 데쳐서 사용해도 좋지만, 시간이 많이 걸린다. 요즘에는 이미 물에 익힌 콩을 통조림으로 간단히 구할 수 있으니 활용하면 좋다. 채소는 콩과 같은 크기로 맞추는 것이 포인트다. 동시에 익는다는 장점도 있지만 한 입 크기로 먹기도 좋다.

1 닭고기는 작게 깍둑썰기를 하여 끓는 물에 담갔다가 찬물로 옮긴 후 건져 물기를 제거한다.

2 무, 당근, 곤약도 작게 깍둑썰기 하여 다 같이 1~2분 미리 데친 다음 건져 물기를 제거한다. 콩은 끓는 물에 살짝 담갔다가 건져 물기를 제거한다.

3 생 표고버섯은 작게 깍둑썰기를 한다. 아스파라거스는 소금물에 데치고 1㎝ 길이로 썬다.

4 냄비에 국물 재료와 2를 넣고 가열하여 당근이 익으면 1과 표고버섯을 넣는다. 닭고기가 익으면 아스파라거스를 넣고 섞는다.

한없이 느껴지는 조개의 맛

바지락 술 찜

술 찜이란 재료에 술을 넣어 수분을 보충하고 뚜껑을 닫아 가열하는 조리법이다. 알코올은 물보다 낮은 온도에서 증발하기 때문에 조개에서 맛이 다 나오기 전에 익는다. 또한 증발할 때 바지락의 비린내도 같이 날아가기 때문에 맛이 고급스러워진다. 그러나 일본술만 넣으면 조개의 쓴 맛이 강해지므로 물에 타서 써야 한다.

1인분
69kcal
염분 1.4g

재료(2인분)

껍데기 있는 바지락 200g
골파(잘게 썰어서) 약간
술 ½컵
물 ½컵
국간장 1작은술

※대용 → 바지락은 대합 등 다른 조개로 대체해도 좋다. 보리멸 등 흰 살 생선도 좋다.

요리 팁

신선한 바지락을 사용하자. 조개껍데기 모양이 또렷한 바지락을 고르면 된다. 맛이 완전히 다르다.
웍이 없으면 깊은 프라이팬을 쓰면 된다.

1 바지락은 1.5~2% 농도 소금물(재료표 외)로 실온(20℃)에서 2시간 동안 해감한다. 알루미늄 포일로 덮어 캄캄하게 한다.

2 바지락을 씻고 민물에 3~5분 동안 담가 소금기를 뺀다.

3 웍(또는 프라이팬)에 바지락을 넣고 불을 올리고 뚜껑을 덮는다. 냄비가 뜨거워지면 술과 물, 국간장을 넣는다.

4 자잘한 기포가 올라오고 국물이 줄고 바지락 껍데기가 벌어질 때까지 뚜껑을 닫고 계속 가열한다. 접시에 담고 골파를 뿌린다.

통통하게 찐 생선에 상큼한 고명을

옥돔 찜

생선은 찌면 아주 맛이 좋아진다. 100℃ 이하에서 간접적으로 뭉근하게 찌기 때문에 살이 부드러워지고 맛이 밖으로 빠져나가지 않는다. 그렇게 정성을 다해 가열한 생선에 상큼한 고명을 올린다. 또한 향을 살리기 위해 뜨거운 기름을 부어준다. 그릇은 깨지지 않도록 도자기 그릇을 추천한다.

1인분
226kcal
염분 2.6g

조림·찜·전골

재료(2인분)

옥돔(60g) 2토막
기본 혼합 고명(→72쪽) 적당량
국물용 다시마 8㎝ 조각 2장
술 2큰술
간장 1큰술
참기름 2큰술
소금 약간

※대용 → 옥돔은 살이 부드러운 흰 살 생선으로

요리 팁

고명에 끼얹는 참기름은 2큰술밖에 되지 않기 때문에 가열할 때 아주 작은 냄비나 작은 프라이팬을 추천한다. 흰 연기가 희미하게 날 정도까지 가열한다. 그 이상 가열하면 위험하므로 주의해야 한다.

1 옥돔은 양면에 소금을 뿌리고 30분 정도 두었다가 끓는 물에 데친다.

2 얼음물로 옮겨 식히고 건져 물기를 닦아낸다.

3 넓적한 스테인리스 통에 다시마를 깔고 2를 올린 다음 술을 1큰술씩 끼얹고 수증기가 올라오는 찜기에 넣어 15분간 찐다.

4 찔 때 나온 육수 2큰술과 간장을 섞어 소스를 만든다.

5 그릇에 3을 다시마와 같이 담고 기본 혼합 고명을 얹어 4를 끼얹은 후 가열한 참기름을 뿌린다.

풍부한 육즙으로 부드러운

닭고기 간 무 찜

찜은 굽거나 튀길 때보다 훨씬 더 뭉근하게 열이 전해진다. 간 무를 올리고 찌면 더 뭉근하게 익는다. 간접적으로 열이 전달될 뿐만 아니라 간 무의 수분도 더해져서 고기가 촉촉해진다. 너무 열이 강하면 살이 퍽퍽해지거나 딱딱해지는 재료, 예를 들어 닭고기나 전복, 새우 등에 어울리는 방법이다.

1인분
412kcal
염분 1.8g

재료(2인분)

닭다리 살 1덩어리
간 무(물기를 짜서) 150g
대파(거칠게 다져서) ½개
소금·후추 약간씩
폰즈 간장(→56쪽) 적당량

요리 팁

간 무는 여기서는 같이 먹도록 담았지만 취향에 따라서 따로 담아도 좋다. 찔 때 생기는 국물도 맛있으니 다른 요리에 육수로 쓰거나 폰즈 간장에 넣어도 좋다.

1 닭고기는 소금, 후추를 뿌리고 20~30분간 둔다.

2 닭고기의 껍질 면을 위로 하여 넓적한 통에 올린 후 간 무에 대파를 섞어 전체적으로 펴 바른다.

3 수증기가 올라오는 찜기에 2를 넣고 20분 정도 찐다. 먹기 좋게 썰어서 접시에 담고 취향에 따라 폰즈 간장을 뿌린다.

고명을 듬뿍 넣어 같이 먹는

소고기 찜 샤브

소고기는 지방이 많아서 느끼하다는 분에게도 추천하는 방법이다. 지방이 적당하게 빠져나가 칼로리가 내려간다. 고명도 듬뿍 넣어
상큼하게 먹을 수 있다.

1인분
410kcal
염분 1.8g

재료(2인분)

소고기(스키야키용, 얇게 썰어서) 200g

혼합 고명
  경수채 ½묶음
  부추 ⅓묶음
  무순 1팩
  쑥갓 ½묶음
  생강 50g
  쪽파 3개

참깨 폰즈 간장 적당량

요리 팁

얇게 썬 소고기는 어느 부위든 상관없지만, 스
키야키용 정도로 약간 두께가 있으면 씹는 맛이
있고 고명과 잘 어울린다. 소고기는 붉은 기가
조금 남았다 싶은 정도에 먹어도 괜찮다. 완전히
하얗게 변하기 전에 먹어야 풍미가 더 진하고 맛
있다.

1 혼합 고명을 만든다. 경수채와 부추는 5㎝ 길이로 썰고 무순은 뿌리를 잘라낸다.
   쑥갓은 잎을 따고 생강은 채 썰고 쪽파는 어슷하게 썬다. 모두 같이 물에 5분 정도
   담갔다가 건져 물기를 제거한다.

2 수증기가 올라오는 찜기에 1을 펼치고 뚜껑을 닫은 후 강불로 촉촉해질 때까지
   찐다.

3 2에 소고기를 펼쳐서 올리고 고기가 따뜻해질 때까지 더 찐다. 참깨 폰즈 간장에
   찍어 고명과 같이 먹는다.

참깨 폰즈 간장

참깨 페이스트 3큰술, 간장 3큰술, 식초 2큰술, 오렌지 즙
1큰술, 꿀 1큰술을 섞어 만든다.

조림·찜·전골

찌기만 해도 근사한 손님 대접 요리가 되는

소 고 기 토 마 토 찜

고기와 채소를 조합할 때 이렇게 층층이 쌓으면 정성이 들어가게 느껴진다. 물론 층층이 쌓으면 보기에도 좋을 뿐 아니라 본연의 맛이 각각 배어들어 맛있어진다. 고기는 소금을 친 다음 끓는 물에 데쳐 미리 준비하는 것을 잊지 말아야 한다.

1인분
247kcal
염분 2.0g

夏

재료(2인분)

소고기 뒷다리살 덩어리 180g
토마토 1개
청자소 4장
술 1큰술
간 생강 적당량
간장 적당량
소금 약간

1 소고기 뒷다리살 덩어리를 6등분으로 비스듬히 썬다. 양면에 소금을 약간 뿌리고 15분간 둔 후 끓는 물에 살짝 데친다. 찬물에 옮긴 후 건져 물기를 제거한다.

2 토마토는 가로로 4등분한다.

4 접시에 담고 간 생강을 올린다. 찔 때 생긴 국물에 같은 양의 간장을 섞어 뿌린다.

3 소고기, 토마토, 청자소, 소고기, 토마토, 청자소, 소고기 순서로 층층이 쌓는다. 술을 전체적으로 뿌린다. 수증기가 올라오는 찜기에 넣고 5~8분간 찐다.

계절마다 즐기는 층층이 쌓은 찜

토마토와 소고기는 맛의 강약이 확실한 여름과 어울리는 조합이다. 다른 계절에도 제철 재료를 조합하여 맛있게 만들 수 있다.

닭다리 살과 삶은 죽순을 조합한 다음 산초나무 어린잎을 올려 향을 더한다.

돼지고기 삼겹살과 생 표고버섯을 조합해 깊은 맛이 가득하다. 여기에는 연겨자를 올린다.

돼지고기 삼겹살과 배추를 쌓아 찌고 폰즈 간장에 찍어 먹는다.

맛있게 만들고 싶은 요리 넘버원

일본식 달걀 찜

달걀 찜(차왕무시)은 맑은 국을 대신할 수 있는 고급스러운 요리다. 이 요리를 만들 때는 달걀물의 기본 배합을 꼭 기억해야 한다. 달걀 1개에 육수의 양은 3배다. 후루룩 마실 수 있을 정도로 부드럽게 만들고 싶다면 4배로 조절한다. 육수와 달걀의 풍미에 재료에서 나오는 풍미가 더해지기 때문에 달걀 1개당 국간장을 10%만 넣어 간을 한다. 이렇게 하면 확실히 맛을 낼 수 있다.

재료(2인분)

가마보코(흰 살 어묵) 2cm
생 표고버섯 1개
닭고기 30g
파드득나물 잎 2개
소금 약간

달걀물
　달걀 1개
　육수 150ml(달걀의 3배)
　국간장 1작은술보다 약간 더(6g)

※대용 → 맛을 방해하지 않는 부드러운 재료를 쓴다. 백합뿌리, 흰 살 생선, 성게 등.

1인분
65kcal
염분 1.8g

요리 팁

강불로 찌면 기포가 생기고, 약불로 찌면 굳지 않는다. 그래서 처음에는 강불로 쪄서 표면이 굳기 시작하면 불을 약하게 줄여 80℃를 유지해야 한다. 이 온도에서는 달걀이 부드럽게 굳고 닭고기의 육즙도 살기 때문에 실패하지 않는다.

1 가마보코는 단면이 물결무늬가 되도록 썬다. 표고버섯은 줄기를 떼고 4등분한다. 닭고기는 한 입 크기로 썰고 소금을 뿌려 10분간 둔 다음 70℃ 물에 담갔다 뺀다.

2 달걀물로 달걀과 달걀의 3배 되는 육수를 준비한다.

3 달걀을 잘 풀어 육수, 국간장을 넣고 균일하게 섞은 다음 체로 거른다.

4 그릇 두 개에 가마보코, 표고버섯, 닭고기를 균등하게 넣고 달걀물을 붓는다. 표면에 기포가 생기면 이쑤시개 등으로 찔러서 없앤다.

5 수증기가 올라오는 찜기에 넣고 먼저 강불에서 3~5분간 찐다. 표면에 흰 막이 생기면 불을 줄여 5~7분간 찐다. 찜기 뚜껑에 나무젓가락을 끼워 수증기가 빠져나가도록 하여 찜기 안의 온도를 80℃로 유지한다. 마무리로 파드득나물을 올린다.

생마의 점성과 향이 입안 가득 퍼지는

마 찜

점성이 있는 마는 가열하면 더 걸쭉해지기 때문에 풍미가 강하게 느껴진다. 이 요리는 달걀흰자나 두유가 굳는 힘까지 이용하여 촉촉하고 부드러우면서도 재료를 감싸주는 기품 있는 맛이 감돈다.

재료(2인분)

새우 2마리
삶은 은행* 4개
묶은 파드득나물 2개
간 산마 100g
달걀흰자 1개
두유 ½컵
소금 ½작은술
국간장 ½작은술

*병조림도 좋다.

※대용 → 산마 대신 장마를 쓰면 더 부드럽
다. 재료는 흰 살 생선을 넣으면 된다.

1인분
85kcal
염분 0.9g

1 간 산마를 믹싱볼에 넣어 달걀
흰자를 추가하고 젓가락으로 달
걀흰자를 자르듯 한참 저으면서
한데 섞어 산마에 배어들게 한 후
공기를 넣어 주듯 섞는다.

2 두유를 조금씩 부어 균일하게
섞는다.

3 소금, 국간장으로 간을 한다.

4 새우는 껍질에 칼집을 내고 내
장을 뺀 후 80℃ 끓는 물에 담가
머리를 떼고 껍질을 벗긴다. 은행
은 2개씩 이쑤시개에 꽂는다.

5 찜용 그릇에 3을 넣고 4를 올린
다. 찜기에 나무젓가락을 끼워 뚜
껑을 덮고 강불에서 3~5분간, 불
을 줄여 15분간 찐다. 완성될 즈음
에 묶은 파드득나물을 올린다.

호미에 구웠다고 하는

스키야키

현재 스키야키는 양념 국물을 많이 넣어 끓이는 경우가 많은데, 원래 이것은 음식점에서 편리하게 준비해두기 위한 방법이었다. 그러나 일부러 좋은 고기를 쓰는데 국물로 맛이 다 빠져나가니 아깝다. 맛을 충분히 살리기 위해서는 요리 이름 그대로 '굽는 것'을 추천한다. 막 익어 가장 맛있게 구워진 고기를 좋은 타이밍에 먹기 바란다. 다른 재료는 고기를 다 먹은 후 고기의 맛이 밴 국물에 끓인다.

1인분
660kcal
염분 2.8g

소고기(스키야키용, 얇게 썰어서) 200g
구운 두부 1모
우엉 100g
양파 1개
쪽파 ½묶음
쑥갓 ½묶음
생 표고버섯 4개
실곤약 180g
달걀 2개
쇠기름 적당량
설탕 3큰술

혼합간장
　　간장 40㎖
　　술 20㎖

국물
　　미림 ½컵
　　술 ⅓컵
　　간장 ⅓컵

1 혼합간장과 국물은 각각 재료를 섞어둔다.

3 차가운 철냄비에 쇠기름을 넣고 가열해서 녹인 다음 불을 끈다. 약간 식으면 소고기의 절반을 펼쳐서 나란히 놓고 설탕의 절반을 전체에 뿌리고 불을 켠다.

5 나머지 고기도 똑같이 굽는다. 고기를 다 먹으면 2를 나란히 넣고 국물 재료를 부어 끓이고 취향대로 익혀 풀어 놓은 달걀과 같이 먹는다.

2 구운 두부는 네모나게 썬다. 우엉은 어슷하게 썰고 찬물에 담갔다가 건져 물기를 제거한다. 양파는 가로 1㎝ 두께로 자르고 쪽파는 어슷하게 썰고 쑥갓은 잎을 떼어낸다. 표고버섯은 줄기를 떼어내고 실곤약은 먹기 좋게 자른다.

4 설탕이 녹기 시작하면 혼합간장의 절반을 뿌려 취향대로 굽고 앞접시에 담아 풀어 놓은 달걀을 찍어 먹는다.

요리 팁

얇게 썬 소고기는 온도가 높은 냄비에 갑자기 넣으면 표면이 상한다. 흔히 말하는 화상처럼 상처를 입는 것이다. 따라서 냄비를 일단 따뜻하게 데운 후 약간 식은 상태에서 소고기를 넣고 불에 올려 천천히 가열한다. 그러면 먹음직스럽고 부드럽게 구워진다. 달걀 흰자는 머랭을 쳐서 앞접시에 담고 가운데에 노른자를 떨어뜨린다.

푹 끓이지 않는 것이 맛의 비결

어묵　탕

어묵탕은 원래 푹 끓여야 어묵의 맛이 배어나온다는 고정관념이 있다. 그러나 그렇게 하면 맛이 너무 하나가 되어 재료 각각의 맛은 약해진다. 재료가 각각 가장 맛있는 타이밍에 요리가 완성되도록 '푹 끓이지 않는 것'이 비결이다. 특히 갈아서 만든 어묵은 맛이 금방 빠져 나오기 때문에 주의하자.

1인분
329kcal
염분 4.0g

재료(4인분)

무 8cm
곤약 1장
지쿠와 4개
사쓰마아게 4장
구운 두부 1모
삶은 달걀 4개
쌀 약간
다시마 20cm
국간장 3큰술보다 약간 적게
겨울철 혼합 고명(→73쪽) 적당량

요리 팁

미리 정성스레 재료를 준비해두면 끓이는 시간은 30분 정도밖에 안 걸린다. 여럿이 모일 때도 기다리게 하지 않고 대접할 수 있다. 따끈따끈 갓 끓였을 때 먹어야 맛있으니 꼭 시도해보기 바란다.

1 무는 껍질을 벗기고 2cm 두께로 반달 모양으로 썰고 모서리 부분을 깎아준다. 쌀을 넣은 물에 부드럽게 삶고 물로 씻는다.

2 곤약은 양면에 비스듬히 격자무늬로 칼집을 내고 데친 후 2cm 두께로 썬다.

3 지쿠와는 절반 길이로 자르고 사쓰마아게와 함께 체에 넣어 끓는 물에 데친다. 구운 두부는 세로로 절반을 잘라 1cm 두께로 썬다.

4 질냄비에 물 1ℓ(재료표 외)와 국간장을 넣고 다시마를 깐 후 무, 곤약, 지쿠와, 사쓰마아게를 넣는다.

5 찬물 상태에서 불에 올려 끓어오르면 지쿠와와 사쓰마아게를 뺀 다음 15~20분 더 끓인다.

6 무가 익으면 지쿠와와 사쓰마아게를 다시 넣고 삶은 달걀과 구운 두부를 넣어 데운다. 앞접시에 덜어서 겨울철 혼합 고명을 올려 먹는다.

봄의 묘미를 맛보는 일본다운 조화

햇 죽순 전골

죽순이 나올 시기가 되면 살짝 추워질 때가 있다. 그럴 때 미역과 죽순을 넣은 전골은 어떨까? 둘은 봄의 '짝꿍'이라 불릴 정도로 궁합이 좋기 때문에 바다의 향과 상쾌한 죽순의 향이 입안에 가득 퍼지면서 봄의 기운을 느낄 수 있을 것이다.

1인분
168kcal
염분 1.8g

재료(2인분)

삶은 죽순 작은 것 2개
염장 미역 100g
육수 2컵
술 1⅓큰술
국간장 1⅓큰술
봄철 혼합 고명(→73쪽) 적당량

1. 죽순은 뿌리 부분을 동그랗게 썰고 뾰족하게 솟은 부분은 세로로 8등분하여 긴 반달 모양으로 썬다. 미역은 물에 씻어 불리고 먹기 좋은 크기로 자른다.

2. 냄비에 육수, 술, 국간장, 1의 죽순을 넣고 10분 정도 끓인다. 미역을 더해 한소끔 끓어오르면 불을 끄고 봄철 혼합 고명을 올린다.

요리 팁

냄비에 끓여 놓고 뜨겁게 달군 1인용 작은 냄비에 옮겨서 내면 맑은 국 대신 먹을 수 있다. 따라서 여기서 육수는 다시마와 가다랑어로 낸 이치반다시(→43쪽)를 사용하자. 풍미도 맛도 고급스럽고 재료의 향을 방해하지 않아 맛있게 먹을 수 있다.

죽순의 떫은 맛 빼기

노자키 스타일로 하면 껍질째 세로로 반을 잘라 간 무 즙과 물을 똑같은 양, 1% 소금을 섞어 3시간 동안 담가 두는 것이 전부다. 껍질을 벗기고 한 입 크기로 썰어 담가 두면 1시간이면 된다. 무의 효소 작용과 소금의 삼투압 작용으로 떫은 맛이 확실히 빠진다. 그후 가볍게 데쳐서 쓰면 향도 식감도 신선하게 요리할 수 있다.

배추를 모란꽃으로 표현한 아름다운 전골

금눈돔 배추 전골

전골 요리에는 날생선을 직접 넣기 마련인데, 그러면 생선의 떫은 맛이나 비린내가 국물에 모두 배어나오고 만다. 따라서 생선 조림이나 생선 구이와 마찬가지로 소금을 쳐 불필요한 수분을 금눈돔에서 빼내어 풍미를 이끌어내는 작업을 거쳐야 한다. 여기서는 굽는 과정을 더해서 부드러운 생선살을 굳힌 다음에 끓인다.

1인분
230kcal
염분 2.6g

재료(2인분)

금눈돔 2토막
배추 작은 것 1포기
물기를 짠 간 무 50g
대파 흰 부분(채 썰어서)·시치미 고춧가루 약간씩
소금 1작은술
식용유 약간

국물
　물 3컵
　술 40ml
　국간장 40ml

＊대용 → 전골에 어울리는 생선은 무엇이든 좋다.

1　배추는 처음 형태 그대로 5cm 두께로 썬다.

2　금눈돔은 한 입 크기로 썰고 소금을 뿌려 20~30분간 둔다. 가볍게 물로 씻은 다음 물기를 제거한다.

3　그릴의 구이망에 식용유를 바르고 달구어 충분히 뜨거워지면 2의 금눈돔을 망에 올리고 양면을 잘 굽는다.

4　냄비에 국물 재료를 넣고 3의 금눈돔을 넣은 후 썰어놓은 배추를 모두 올리고 뚜껑을 덮는다.

5　중불로 가열하여 국물이 끓어오르면 금눈돔을 건져 위로 올리고 중앙에 간 무도 올린 다음 불을 끈다. 채 썬 대파 흰 부분을 올리고 시치미 고춧가루를 뿌린다.

요리 팁

전골 요리를 할 때는 재료를 푹 끓이기 십상이다. 재료의 맛이 국물로 많이 빠져나오고 식감도 나빠지기 때문에 주의해야 한다. 특히 금눈돔은 미리 익혀 두었기 때문에 데우는 정도로만 해야 한다. 배추의 부드러운 겉잎은 국물이 끓어오르면 바로 먹을 수 있다. 먹는 동안 딱딱한 줄기도 잘 익게 된다.

된장 맛이 몸속부터 덥혀주는

닭고기 완자 전골

겨울의 잎채소를 넣어 된장으로 끓이는 전골은 추운 날에 몸이 따뜻해지는 일품요리다. 닭고기 완자는 채소가 익은 다음에 넣고 닭고기가 적당히 익었을 때가 가장 먹기 좋을 때다. 채소와 같이 넣으면 너무 익어서 식감이 딱딱해지고 닭고기의 풍미도 날아가기 때문에 주의해야 한다.

재료(2~3인분)

닭고기 완자
다진 닭고기 100g
대파(잘게 다져서) ½개
푼 달걀 ½개
간장 ½큰술
생강즙 ½작은술
박력분 ½큰술

감자 1개
우엉 80g
부추 ½묶음
국물용 다시마 5cm 조각 1장
된장 40g

1인분
238kcal
염분 2.3g

1 닭고기 완자 재료를 섞는다. 엄지와 검지 사이로 밀어내듯 하여 한 입 크기로 동그랗게 빚는다.

2 감자와 우엉은 얇게 채 썬다. 부추는 큼직하게 썬다.

3 냄비에 물 2컵(재료표 외)과 다시마를 넣고 감자와 우엉을 넣어 찬물에서부터 끓인다.

4 부드럽게 익었으면 된장을 풀어 넣는다. 1의 닭고기 완자를 넣고 익으면 부추도 넣는다.

진한 두유의 풍미가 고기를 맛있게

돼지고기 두유 전골

의외로 두유는 다시마보다 훨씬 육수를 진하게 만든다. 오히려 너무 강하기 때문에 물과 같은 비율로 섞으면 알맞다. 재료를 다 먹은 후 밥을 넣어 국물까지 맛있게 먹으려면 재료를 미리 제대로 손질하는 것이 중요하다. 두유는 금방 끓어 넘치기 때문에 냄비 가장자리에 작은 기포가 생기기 시작하면 불을 살짝 줄이자.

재료(2~3인분)

돼지 뒷다리살(얇게 썰어서) 100g
무 80g
당근 50g
만가닥버섯 ½팩

대파 1개
두유 1½컵
물 1½컵
소금 1작은술보다 약간 적게

1인분
192kcal
염분 2.1g

1 얇게 썬 돼지 뒷다리살은 반으로 자른다. 끓는 물에 데쳤다가 찬물에 담근 후 건져 물기를 제거한다.

2 무와 당근은 10cm 길이 직사각형 모양으로 썬다. 만가닥버섯은 하나씩 뗀다. 모두 체에 올려 뜨거운 물에 살짝 담갔다가 꺼낸다. 대파는 10cm 길이로 썰고 세로로 4등분한다.

3 냄비에 두유와 물, 소금을 넣고 채소와 함께 끓인다. 마지막으로 고기를 넣고 잘 익으면 먹는다.

파와 다랑어로 만드는 에도 요리

다랑어 파 전골

에도시대부터 이어져 온 전통 요리다. 간장 맛이 조금 더 강하고 매콤하게 간을 한다. 단 맛이 나는 미림이나 설탕은 하나도 쓰지 않는다. 그래서 술과 잘 어울린다. 고명으로는 간 생강, 산초나무 어린잎, 유자 등 취향에 따라 곁들인다. 구할 수 있다면 다랑어의 꼬리나 머리에 힘줄이 많은 부분도 좋다. 맛이 진한데다가 익으면 힘줄의 젤라틴질이 부드러워져 아주 맛있다.

재료(2~3인분)

다랑어 1토막(200g)
대파 2개
육수 2½컵

술 ½컵
간장 ½컵
생강(얇게 채 썰어서) 적당량

1인분
207kcal
염분 2.1g

1 다랑어는 먹기 좋은 크기로 썰고 끓는 물에 살짝 데친 후 찬물에 담가 찌꺼기 등을 떼고 건져 물기를 닦는다.

2 대파는 5cm 길이로 자르고 표면에 칼집을 낸다.

3 질냄비에 육수, 술, 간장, 1, 2를 넣고 불에 올린다. 끓어오르면 거품을 걷어내고 취향에 맞게 끓인다. 접시에 덜어 채 썬 생강을 얹어 먹는다.

두부가 듬뿍 든 한국풍 매운 전골

두부찌개 전골

홍고추를 사용한 일반적인 한국식 전골요리다. 참깨 소스가 이 매운 전골에 잘 맞는다. 전골이 적당히 부드러워지면서 먹기 쉬워지는 것은 물론, 홍고추의 매운 맛이나 재료의 맛을 크게 방해하지 않는다. 배추김치가 있다면 간단히 만들 수 있어 편리하다.

재료(3~4인분)

두부 1모
우엉 1개
부추 1묶음
배추김치 150g

미나리 1묶음
숙주나물 1봉지(250g)
국물용 다시마 적당량
참깨 소스(→75쪽) 적당량

1인분
223kcal
염분 2.0g

1 두부는 8등분으로 썬다.

2 우엉은 어슷하게 썰어 물에 씻고 물기를 제거한다. 부추, 미나리는 4~5cm 길이로 자른다. 배추김치는 4~5cm 폭으로 자른다.

3 질냄비에 물을 적당히 넣고 다시마를 넣어 강불에 끓인 다음 두부, 숙주나물, 우엉, 부추를 넣은 후 김치를 더한다. 끓어오르면 미나리를 넣어 참깨 소스에 찍어 먹는다.

질냄비 다루는 법

불이 부드럽게 올라오면서 보온성도 뛰어나고 맛있는 요리를 만들어내는 질냄비의 매력은 특별하다. 질냄비를 다룰 때에는 몇 가지 비결이 있다.

⊙ 입구가 넓고 얕으며 뚜껑 손잡이를 들기 쉬운 냄비로

왼쪽은 뚜껑 손잡이 윗부분이 퍼져 있어 잡기 쉬우므로 추천한다. 오른쪽은 손잡이가 오므라지는 모양이라 손에서 미끄러질 수도 있다. 디자인뿐 아니라 쓰기 편한지 고려해서 골라야 한다.

질냄비는 온도가 천천히 올라가고 보온력이 있어 전골이나 조림, 요즘에는 밥 짓는 용도로도 인기다.

먼저 입구가 넓은 냄비를 추천한다. 고를 때 잘 고려하지 않는 부분은 뚜껑 손잡이 모양이다. 잡았을 때 손가락에 제대로 걸리는 모양을 고르자.

밥 짓는 용으로 속이 깊은 질냄비도 나오는 듯하지만, 입구가 넓은 일반적인 모양을 추천한다. 비교적 얕기 때문에 측면까지 올라오는 불길이 만들어내는 열기에 휩싸여 크고 빠르게 대류가 일어난다. 그 대류 덕분에 밥을 균일하고 얼룩 없이 지을 수 있는데, 속이 깊은 냄비는 열기가 잘 골고루 도달하지 않는다.

⊙ 처음 사용할 때는 '틈 막기(메도메)'를

새 질냄비는 물이 흡수되기 쉬운 상태다. 그대로 사용하면 간장이나 국물이 배어들어 요리에 냄새나 찌꺼기가 들러붙거나 금이 가는 일도 있으니 새로 산 질냄비는 틈을 막아 줄 필요가 있다. 냄비의 70% 정도 되게 물을 넣고, 10~20% 정도 되게 밥을 넣은 다음 가열하여 풀처럼 될 때까지 끓이고 이틀 정도 그대로 둔다. 밥은 버린 후 씻고 완전히 말린 다음 사용한다.

⊙ 매일 사용하는 법

질냄비의 바닥은 유약이 발라져 있지 않은데다가 직접 불이 닿는다. 냄비 바닥이 젖은 채로 불에 올리면 흙 틈으로 들어온 물이 팽창하여 깨질 우려가 있다. 질냄비를 불에 올릴 때는 냄비 겉 바닥이 말랐는지 반드시 확인하자. 또한 빈 상태는 물론 국물이 적은 상태에서 가열하면 급격한 온도 변화를 견디지 못하고 금이 간다. 마찬가지로 냄비가 뜨거운 상태에서 물로 씻는 것도 금물이다. 씻을 때는 수세미 등으로 문지르지 말고 스펀지를 쓰자.

그리고 밥이나 요리를 넣은 채 오랜 시간 두면 곰팡이가 생기니 주의해야 한다.

⊙ 수납할 때는 꼼꼼히 말려서

마른 행주 위에 엎어서 완전히 말리는 것이 중요하다.

덜 마른 채로 뚜껑을 덮어 수납하면 곰팡이가 생기니 마른 행주로 닦은 후 확실히 말리고 나서 수납한다. 한동안 쓰지 않을 때는 샀을 때 들어 있던 상자에 넣거나 신문지, 또는 기포 완충재 등으로 싸서 습기가 적은 장소에 보관하면 된다.

⊙ 의외의 질냄비 사용법

보온력이 있는 질냄비는 보냉력도 있다. 여름에는 질냄비에 얼음을 깔고 충분히 차갑게 하여 회를 담거나 차가운 디저트, 또는 과일을 놓아 사용해보자. 야외에서 파티를 할 때 유용할 것이다.

제6장

밥
국

레퍼토리가 늘어나는

갓 지은 봉긋한 밥은 무엇보다 최고의 만찬이다. 노자키 요리장에게 비결을 약간 배우면 늘 짓는 밥이 놀랄 만큼 반들반들해질 것이다. 여러 가지 먹는 방법이나 밥과 어울리는 국도 듬뿍 소개한다.

우리가 아는 맛에 고명만 올려도 훌륭한

달걀 밥

날달걀을 올린 밥을 먹으면 그릇 바닥에 달걀물이 남지 않는가? 해결 방법을 소개하겠다. 밥에 간장을 먼저 뿌린 다음 달걀을 깨서 넣는다. 이렇게만 하면 달걀이 밥알에 남지 않고 깨끗하게 섞인다. 그리고 고명을 더하면 아삭한 식감과 채소의 향 덕분에 제대로 된 한 끼가 된다. 꼭 시도해보기 바란다.

1인분
328kcal
염분 1.3g

재료(2인분)

따뜻한 밥 2인분
달걀 2개
기본 혼합 고명(→**72쪽**) 적당량
간 와사비 적당량
간장 적당량

1 밥그릇에 밥을 담고 밥에 간장을 두른 후 달걀을 깨서 넣는다.

2 기본 혼합 고명과 와사비를 올리고 달걀을 풀면서 먹는다.

요리 팁

혼합 고명이 없으면 다진 양파와 잘게 썬 파를 올려도 맛있다. 달걀은 어떤 고명과도 찰떡궁합이다. 직접 좋아하는 맛을 찾는 재미를 느낄 수 있을 것이다.

흰 쌀밥이 돋보이는

파 와사비 간장 밥

뜨끈뜨끈한 와사비 밥을 김에 싸서 바로 입으로 쏙 넣으면 밥의 단 맛, 와사비의 향, 바다의 향기가 같이 터진다. 와사비는 생으로 넣자. 갈고 나서 바로 맛보기 바란다. 향이 다를 것이다.

재료(2인분)

따뜻한 밥 2인분
생와사비(직접 갈아서) ½작은술
쪽파 적당량
구운 김 적당량
간장 약간

1인분
242kcal
염분 0.5g

1 쪽파는 잘게 썰어 살짝 씻고 물기를 제거한다.

2 밥그릇에 밥을 담고 간장을 두른 후 쪽파, 와사비를 올리고 김에 싸서 먹는다.

여름의 힘이 느껴지는 상큼한 맛

토마토 밥

어린 시절에 밭에 난 토마토를 따서 직접 만들어 먹던 추억의 맛이다. 토마토에서 수분이 적당히 나와 소스 역할을 한다. 또한 토마토는 그 자체로도 풍미가 강하기 때문에 소금간만 해도 충분하다. 이 요리는 단맛이 강한 토마토보다 설익은 토마토를 추천한다.

재료(2인분)

따뜻한 밥 2인분
토마토 2개
생강 40g
소금(있으면 굵은 소금으로) ½작은술

1인분
265kcal
염분 1.2g

1 토마토는 뜨거운 물에 담가 껍질을 벗기고 1cm로 깍둑 썬다.

2 생강은 껍질을 벗기고 잘게 다져 물로 살짝 씻은 후 물기를 제거한다.

3 믹싱볼에 1과 소금을 넣어 섞은 후 2를 더해서 또 섞는다.

4 밥그릇에 밥을 담고 3을 국물까지 모두 올린다.

손님 대접 후 마무리로

다랑어 절임 오차즈케

다랑어 절임은 다랑어 회를 덩어리로 끓는 물에 살짝 데쳐 간장에 절이기만 하면 된다. 이렇게만 해도 풍미나 식감이 모두 진해지면서 회로 먹을 때와는 또 다른 맛이 탄생한다. 이 다랑어 절임을 오차즈케 재료로 하면 깔끔하다. 술을 마신 후 마무리로도 좋다.

1인분
639kcal
염분 2.2g

재료(2인분)

따뜻한 밥 2인분
다랑어 ½덩어리(120g)
파드득나물·마·흰 통깨·간 와사비 각 적당량
간장 ½컵
미림 ½컵
굵은 소금 한 꼬집
녹차(또는 현미차) 적당량

요리 팁

간장 2 : 미림 1 비율로 절인다. 절일 때 다랑어 위에 키친타월로 덮으면 적은 양으로도 전체적으로 구석구석 똑같이 국물이 배어든다. 다랑어는 그냥 절이면 국물이 너무 많이 배기 때문에 표면을 살짝 끓는 물에 데쳐 단백질을 딱딱하게 만들어야 한다.

1 다랑어는 끓는 물에 살짝 데쳐 찬물에 담갔다가 건져 물기를 제거한다.

2 넓적한 스테인리스 통에 간장과 미림을 같이 넣고 다랑어를 담가 키친타월로 덮고 30분 동안 둔다. 물기를 제거하고 비스듬히 썬다.

3 파드득나물을 큼직하게 썬다. 마는 껍질을 벗기고 5㎜로 네모나게 썬다.

4 그릇에 밥을 담고 다랑어, 파드득나물, 마를 올려 통깨를 뿌리고 간 와사비를 곁들인 후 가볍게 소금을 친다. 뜨끈뜨끈한 녹차를 붓는다.

먹고 남은 회는 무엇이든

도미 오차즈케

도미 회도 가끔은 간장이 아닌 다른 맛, 참깨 소스에 먹어보기 바란다. 흰 쌀밥 위에 올려 처음에는 밥과 도미를 먹고, 절반 정도 먹었을 때 녹차를 부으면 맛있는 식사를 두 번 할 수 있다. 먹을 때마다 녹차를 부으면 밥그릇 바닥에 있는 밥이 붙지 않게 먹을 수 있다.

재료(2인분)

따뜻한 밥 2인분
도미(3장 뜨기) ⅓장(120g)
김가루·파드득나물·간 와사비
　각 적당량
녹차(또는 현미차) 적당량

참깨 소스
간장 2큰술
술 1큰술
미림 1큰술
통깨 50g

1인분
668kcal
염분 0.7g

1　참깨 소스를 만든다. 작은 냄비에 간장, 술, 미림을 넣고 한소끔 끓인 후 식힌다. 절구로 깨를 절반만 으깨서 넣고 부드럽게 될 때까지 섞는다.

2　도미는 껍질 면에 행주를 올리고 뜨거운 물을 끼얹은 후 얼음물에 담갔다가 건져 물기를 제거하고 비스듬히 썬다. 1에 담가서 15~20분간 둔다.

3　그릇에 밥을 담고 김가루를 뿌린 후 2를 올리고 잘게 썬 파드득나물, 간 와사비를 곁들인다.

4　뜨끈뜨끈한 녹차를 밥그릇 가장자리에서부터 부어 밥이 녹차를 흡수하기 전에 먹는다.

진한 맛으로 먹고 싶다면

깨소금 소고기 오차즈케

소고기도 오차즈케 스타일로 만족스러운 일품요리를 만들 수 있다. 그러나 맛이 진한 소고기와 담백한 녹차는 궁합이 별로 좋지 않기 때문에 참깨 소스로 대신한다.

재료(2인분)

따뜻한 밥 300g
소고기(얇게 썰어서) 30g

무순·파드득나물 약간씩
참깨 소스(→75쪽) 적당량

1인분
378kcal
염분 1.1g

1　소고기는 한 입 크기로 자르고 65~70℃ 물에 데친다. 찬물에 담갔다가 건져 물기를 제거한다.

2　무순과 파드득나물을 큼직하게 썬다.

3　그릇에 밥을 담고 소고기, 무순, 파드득나물을 올린 후 참깨 소스를 넣는다.

간단 후리카케와 저장 채소

후리카케
푸성귀 후리카케

재료(만들기 편한 양)

소송채 100g **국간장** 1작은술
흰 통깨 1큰술 **참기름** 2작은술

소송채를 데쳐서 잘게 썬다. 랩을 씌우지 않고 전자레인지로 3분 정도 가열하여 수분을 날려 바삭하게 만든다. 참기름으로 볶고 마무리로 국간장, 통깨를 섞는다.

모든 양
151kcal
염분 1.0g

후리카케
오키나 후리카케

재료(만들기 편한 양)

명주 다시마 10g **흰 통깨** 20g
가다랑어포 5g **국간장** 1작은술

명주 다시마, 가다랑어포, 통깨를 같이 수분이 날아가도록 프라이팬에서 볶는다. 명주 다시마가 파삭파삭해지면 국간장을 섞는다.

모든 양
141kcal
염분 1.0g

후리카케
연어 후리카케

재료(만들기 편한 양)

소금 친 연어 토막 100g **흰 통깨** 1큰술
가다랑어포 5g **간장** 1작은술
구운 김 ½장 **식용유** 2작은술

소금 친 연어는 구워서 살을 큼직하게 찢는다. 구운 김은 작게 부순다. 연어를 식용유에 볶다가 마무리로 간장, 가다랑어포, 구운 김, 통깨를 넣고 섞는다.

모든 양
294kcal
염분 0.6g

후리카케
명란젓 후리카케

재료(만들기 편한 양)

명란젓 100g **술** 1큰술
구운 김 1장 **식용유** 2작은술

명란젓은 껍질에 칼집을 내고 전자레인지에 2분 정도 돌린 후 부순다. 식용유를 두르고 볶다가 술을 넣고 더 볶은 후 물기가 없어지면 구운 김을 작게 찢어 섞는다.

모든 양
235kcal
염분 4.6g

저장 채소

다시마 조림

재료(만들기 편한 양)

다시마(국물을 우린) 200g
간장 80ml

미림 ½컵
타마리 간장 1큰술

다시마는 2cm 조각으로 자르고 물 3컵(재료표 외)을 부어 부드러워질 때까지 끓인다. 간장, 미림을 더해 계속 끓인다. 국물이 졸면 타마리 간장을 넣고 끓이면서 섞는다(물엿이 있으면 같이 넣는다).

모든 양
467kcal
염분 14.1g

저장 채소

된장 자소

재료(만들기 편한 양)

쪽파 100g
홍자소 30g

시골 된장(취향에 따라) 30g
식용유 2작은술

쪽파는 3cm 길이로 자르고 식용유에 볶는다. 식용유가 골고루 배었으면 홍자소를 찢으면서 더하고 된장을 넣어 섞는다.

모든 양
172kcal
염분 3.7g

저장 채소

산초 멸치

재료(만들기 편한 양)

잔멸치 30g
산초 간장 조림(병조림) 2작은술
술 4큰술

간장 1큰술
미림 1작은술

작은 냄비에 술, 간장, 미림을 끓인다. 잔멸치를 넣고 물기가 없어지면 산초 간장 조림을 섞는다.

모든 양
138kcal
염분 3.8g

따뜻

저장 채소

다시마 표고버섯

재료(만들기 편한 양)

멸치(국물을 우린) 20g
다시마 8cm 조각 1장
생 표고버섯 4개

대파 1½개
된장 30g
식용유 2작은술

멸치, 다시마를 같이 푸드 프로세서로 간다. 생 표고버섯은 1cm 크기로 썰고 대파는 잘게 다진다. 프라이팬에 식용유를 두르고 달군 후 모든 재료를 한꺼번에 넣고 볶다가 된장을 섞는다.

모든 양
261kcal
염분 4.9g

갓 지은 밥으로 만들어 더 맛있는

주먹밥 3종

주먹밥은 말 그대로 '밥을 주먹처럼 뭉친 것'이다. 꼭 쥐어서 딱딱하기만 한 게 아니라, 만들었을 때 모양이 망가지지 않고 뭉쳐 있다가 입에 넣으면 풀어지는 주먹밥이 가장 좋다. 밥이 딱딱하면 만들기 어려우므로 가능하면 갓 지은 밥으로 만드는 것을 추천한다.

재료(2인분)

따뜻한 밥 적당량

소금물
　물 ½컵
　소금 1작은술

산초가루·흰 통깨·산초나무 어린잎·구운 김·홍자소 후리카케(유카리) 각 적당량

1인분
249kcal
염분 2.5g

1 물에 소금을 녹여 소금물을 만든다.

2 삼각 주먹밥을 만든다. 손에 소금물을 묻힌 다음 밥을 80g 쥔다.

3 밥을 왼손 엄지와 네 손가락 사이로 누르듯이 가볍게 쥐어 삼각 모양을 만든다.

4 오른손으로 삼각형의 산 부분 모양을 만들고 양손으로 쥐어 밥을 앞쪽으로 굴리듯 방향을 바꾸면서 모양을 만든다. 산초가루를 뿌리고 깨, 산초나무 어린잎을 각각 올린다.

5 통 모양 주먹밥을 만든다. 손에 소금물을 묻히고 밥 40g을 쥔다. 왼손으로 가볍게 쥐어 통 모양을 대충 만든다.

6 오른손으로 옆면도 모양을 잡아준다. 김으로 만다.

7 복주머니 모양 주먹밥을 만든다. 요리용 거즈를 적셔 꼭 짠다. 밥을 약간만 올리고 주머니 모양으로 묶어 꼭 짜서 복주머니 모양을 만든다. 홍자소 후리카케를 뿌린다.

고소한 향이 식욕을 자극하는

구운 주먹밥

간장을 발라 바싹 구워 고소한 향과 바삭한 식감이 인기인 독특한 주먹밥이다. 생선 그릴로 구우면 간단하다. 술 자리에서 마무리로
내면 딱 좋다.

1인분
155kcal
염분 0.5g

재료(2인분)

따뜻한 밥 160g
간장·식용유 약간씩

1 손에 물을 묻히고 1개 80g을 기준으로 삼각 주먹밥을 만든다.

2 알루미늄 포일에 기름을 얇게 펴 발라 그릴망에 올려놓은 다음 1을 올려서 구운
후 노릇해지면 뒤집어서 굽는다.

3 양면이 노릇해지면 솔로 간장을 바른다. 발라서 굽는 과정을 양면에 두세 번씩 반
복하여 바싹 굽는다.

1인분
229kcal
염분 0.9g

구운 치즈 주먹밥

재료(2인분)

따뜻한 밥 160g   **달걀노른자** 약간
슬라이스 치즈 2장   **간장·식용유** 약간씩

1 원형 틀에 물을 적셔 준비한 밥의 절반을 채워 넣고 틀을 뺀다.

2 구운 주먹밥을 만드는 방법으로 간장을 발라 굽고, 같은 원형 틀로 슬라이스 치즈를 찍어
한쪽 면에 올린다. 치즈 위에 달걀노른자를 풀어 솔로 바르고, 마르면 또 발라서 윤기 있게
구워낸다.

푸른 잎의 맑은 향이 감도는 밥

무 청 볶 음 밥

도시의 슈퍼에서는 무청을 뗀 무를 파는 경우가 많은데, 사실 무청은 아주 맛있고 영양가도 높은 재료다. 잘게 다져 간장을 넣고 익히면 상비 채소로 쓸 수 있다. 볶음밥으로 만들면 간단히 먹을 수 있다. 평소에는 버리는 무 껍질도 사용하여 재료의 매력을 마음껏 맛보자.

1인분
341kcal
염분 1.5g

재료(2인분)

따뜻한 밥 300g
무 껍질 50g
무청 80g
흰 통깨 1큰술
두반장 ½작은술
간장 1큰술
식용유 2작은술

1 무 껍질은 3㎝ 길이로 채 썬다. 무청은 잘게 찢어 물로 씻고 물기를 제거한다.

3 2를 냄비 가장자리로 밀어 가운데를 비우고 잠깐 그대로 둬서 수분을 날린다. 비운 곳에 간장을 넣고 끓여 풍미가 나면 전체를 섞는다.

2 프라이팬에 기름을 두르고 가열하여 무 껍질을 볶고 비쳐 보이기 시작하면 무청을 넣고 수분을 날리면서 바슬바슬해질 때까지 볶는다. 두반장을 넣고 섞는다.

4 밥을 넣고 뒤적이면서 볶다가 통깨를 뿌리고 단숨에 섞어 접시에 담는다.

맛이 포근한 죽을 매실로 마무리한

매실 두부 죽

몸에 자극을 주지 않는 죽이다. 두부를 넣었기 때문에 밥으로만 만들 때보다 담백하고 칼로리가 낮다. 질리지 않는 맛이다. 포인트를 주고 먹기 편하게 하기 위해 매실로 신 맛을 보충했다. 걸쭉한 소스가 몸을 따뜻하게 덥혀 주기 때문에 해장이나 야식으로도 어울리는 요리다.

재료(2인분)

밥 200g
두부 1모
매실소스(→74쪽) 적당량
소금 한 꼬집

전분물
　전분 1큰술
　물 1큰술

1인분
295kcal
염분 1.5g

1 냄비에 밥과 물 1½컵(재료표 외)을 넣어 한소끔 끓인 후 소금으로 간을 하고 두부를 으깨어 넣는다.

2 전분을 물에 풀어 전분물을 만든다.

3 두부가 **따뜻해지면** 2를 섞어서 걸쭉하게 만들고 그릇에 담아 매실소스를 얹는다.

평범한 죽에 향으로 포인트를 준

양하 죽

아삭한 식감과 코를 빠져나가는 상큼한 향이 일품인 양하는 일본 여름 식탁에 빠질 수 없는 중요한 고명이다. 가열하면 풍미가 살아나 맛있어지고, 조금 많이 익었다 싶어도 씹히는 맛이 남는다. 소금물에 절인 오이를 더해서 식감도 살리고 더 푸짐하게 훌륭한 요리로 완성했다.

재료(2인분)

따뜻한 밥 300g
양하 3개
오이 1개

육수 3컵
국간장 1⅓큰술
소금 1작은술

1인분
273kcal
염분 2.4g

1 양하는 세로로 채 썰고 가볍게 씻은 다음 물기를 제거한다.

2 오이는 얇게 썬다. 물 ½컵(재료표 외)에 소금을 넣어 만든 소금물에 20~30분간 담근 후 건져 물기를 짠다.

3 냄비에 육수를 끓이다가 국간장, 밥, 1을 넣고 한소끔 끓인다. 밥그릇에 담고 2를 올린다.

닭고기의 풍미와 반숙 달걀의 부드러움이 가득한

오야코동

항상 인기가 많은 오야코동. 먹었을 때 고기가 퍼석하거나 풍미가 느껴지지 않았던 적이 있을 것이다. 이는 닭고기에 박력분을 얇게 묻히면 단번에 해결된다. 고기 주변에 얇은 막이 생기기 때문에 가열해도 풍미를 함유한 수분이 밖으로 쉽게 달아나지 못한다. 너무 익히지 않는 것도 중요하니 적당히 익기 직전에 꺼냈다가 마무리할 때 다시 냄비에 넣자.

1인분
743kcal
염분 2.5g

재료(2인분)

따뜻한 밥 2인분
닭다리 살 1덩어리
양파 ½개
쪽파 2개
달걀 2개
잘게 자른 김 적당량
박력분 약간
식용유 2큰술

국물
　술 4큰술
　미림 4큰술
　간장 4큰술
　설탕 2큰술

요리 팁

계속 강불에 끓이면 닭고기가 과하게 익지 않고 부드러우며 먹음직스러워진다. 재료에 맛이 배어들기 힘들기 때문에 간을 세게 하는 것도 포인트다. 달걀을 깨서 밥과 함께 먹자.

1 양파는 낫 모양으로 썬다. 쪽파는 4cm 길이로 자르고 두껍다면 세로로 칼집을 넣어 펼친다.

2 닭고기는 두껍게 비스듬히 썰고 솔로 박력분을 묻힌다.

3 프라이팬에 식용유를 둘러 달구고 2를 강불에 굽다가 노릇해지면 꺼낸다. 양파도 넣어 살짝 볶고 꺼낸다.

6 그릇에 밥을 담고 잘게 썬 김을 깐 후 5를 각각 올린다.

4 3번 프라이팬의 기름이나 찌꺼기를 키친타월로 닦아낸다. 국물 재료를 넣고 3을 다시 넣어 강불로 끓인다.

5 끓어오르면 쪽파를 넣고 재료를 옆으로 밀어 두 군데가 폭 파이도록 만들고 거기에 달걀을 깨서 넣는다. 뚜껑을 닫고 달걀이 반숙 상태가 되면 불을 끈다.

식욕을 자극하는 맛있는 덮밥

새우 팽이버섯 덮밥

새우와 버터의 풍미가 미끈거리는 팽이버섯과 어우러져 전분물을 쓰지 않아도 물이 많이 나오지 않는다. 또한 밥을 구석구석 감싸준다. 이 요리는 후추를 듬뿍 뿌리는 것이 포인트다. 그러면 마지막까지 질리지 않고 먹을 수 있다.

재료(2인분)

따뜻한 밥 2인분		**버터** 40g	
중하새우 14마리		**술** 2큰술	
쪽파 1개		**간장** 1큰술	
팽이버섯 1팩		**후추** 약간	

1인분
489kcal
염분 2.1g

1 새우는 내장을 빼고 껍질을 벗긴다. 쪽파는 어슷하게 얇게 썰고 살짝 씻은 다음 물기를 제거한다. 팽이버섯은 뿌리를 자르고 먹기 좋은 길이로 썬다.

2 프라이팬에 버터를 녹이고 새우, 쪽파, 팽이버섯 순으로 차례대로 넣어 볶다가 술, 간장으로 간을 한 후 후추를 듬뿍 뿌려 볶는다.

3 그릇에 밥을 담고 2를 올린다.

여름 체력 보충에 좋은 힘나는 밥

붕장어 덮밥

붕장어를 적당히 잘 익히고 싶을 때 도움이 되는 것이 우엉이나 파 등 채소다. 채소 위에 붕장어를 올리고 끓이면 간접적으로 가열되어 부드러워진다. 간이 약하기 때문에 깔끔하게 먹을 수 있다.

재료(2인분)

따뜻한 밥 2인분	**푼 달걀** 2개	**국물**
펼친 붕장어 100g	**파드득나물·산초가루**	**육수** 160ml
우엉 50g	약간씩	**국간장** 1⅓큰술
대파 1개		**미림** 1⅓큰술

1인분
444kcal
염분 1.4g

1 붕장어는 끓는 물에 데쳤다가 얼음물에 담근다. 껍질 면을 칼등으로 훑어서 점액을 떼어낸다. 3cm 넓이로 썬다.

2 우엉은 어슷하게 썰고 물에 담갔다가 건져 물기를 제거한다. 대파는 얇게 썰고 파드득나물은 큼직하게 썬다.

3 프라이팬에 우엉, 대파를 깔고 국물 재료를 넣는다. 붕장어는 껍질이 아래로 오게 올리고 끓인다.

4 끓어오르면 불을 약하게 줄이고 푼 달걀을 둘러서 넣은 다음 파드득나물을 뿌리고 뚜껑을 닫아 달걀이 반숙이 될 때까지 익힌다.

5 그릇에 밥을 담고 4를 올린 다음 산초가루를 뿌린다.

풍미 있는 재료가 가득, 밥만 있어도 충분한

고명 밥

영양밥은 재료에서 나오는 풍미 가득한 즙이 충분히 맛있게 만들어주기 때문에 물로 밥을 한다. 육수는 필요 없다. 또한 재료의 성질에 따라 넣는 타이밍도 다르다. 이 고명 밥은 재료를 처음부터 넣지 않는 것이 포인트다. 가볍게 끓여 밥 지을 물에 풍미가 배어나오게 해 뒀다가 밥을 다 지었을 때 더한다. 이렇게 하면 밥도 재료도 맛있어진다.

1인분
636kcal
염분 2.2g

쌀 2홉
무·당근·우엉 각 50g
생 표고버섯 2~3개
유부 1장
실곤약 50g
뿌리 파드득나물 ½묶음
국물용 다시마 5cm 조각 1장
물 1½컵
술 2큰술
국간장 2큰술

1 쌀은 씻어서 물(재료표 외)에 15분 담갔다가 체로 건져 15분간 둔다.

2 무와 당근은 껍질을 벗겨 채 썰고 우엉은 껍질을 긁어내 어슷하게 썰며, 표고버섯은 줄기를 떼고 5mm 두께로 썬다. 모두 같이 끓는 물에 살짝 데친 후 물기를 제거한다. 유부는 끓는 물을 부어 기름을 제거하고 굵게 채 썬다. 실곤약은 살짝 데친 후 풀어주고 3cm 길이로 자른다.

3 냄비에 물, 술, 국간장, 2, 다시마를 넣고 가열한다.

4 끓어오르면 1~2분을 더 끓인다.

5 끓인 국물과 재료를 분리하고 다시마를 뺀다.

6 밥솥의 내솥에 1과 5에서 분리한 물을 넣고 섞은 다음 쾌속 취사로 밥을 짓는다.

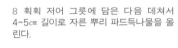

8 휙휙 저어 그릇에 담은 다음 데쳐서 4~5cm 길이로 자른 뿌리 파드득나물을 올린다.

7 증기가 올라오기 시작하면 5번 재료를 올리고, 다 지어지면 4~5분 동안 뜸을 들인다.

영양밥을 지을 때 기억해야 할 것

1. 영양밥에 육수는 필요 없다
영양밥 재료에서 맛있는 국물이 충분히 나오기 때문에 물과 조미료, 국물용 다시마만 있으면 맛있게 만들 수 있다. 물 10 : 국간장 1 : 술 1 비율로 만들면 된다. 어떤 재료든 이 배합으로 만들자.

2. 재료를 더하는 타이밍은 세 가지
밥을 지었을 때 그 재료가 가장 맛있어지게 넣고 싶다면 약간 번거로워도 넣는 타이밍을 염두에 두자.
❶ 처음부터 넣는 경우: 잘 익지 않는 감자류나 밤, 콩 등. 밥이 되었을 때 알맞게 익을 수 있도록 쌀과 같이 처음부터 넣어 밥을 짓는다.
❷ 밥솥의 증기가 올라왔을 때 넣는 경우: 대부분의 재료는 이 타이밍에 넣는다. 날생선이나 고기는 끓는 물에 잠깐 익히고 채소는 살짝 데치는 등 밑준비를 해둔 재료를 넣는다. 이렇게 하면 밥에 적당히 풍미가 배어나오면서 재료도 맛있게 먹을 수 있다.
❸ 밥을 다 지은 다음에 넣는 경우: 신선한 색을 남기고 싶은 데친 푸성귀, 멸치나 홍자소처럼 가열할 필요가 없는 것. 다 지었을 때 더해서 뜸들이는 시간에 가볍게 익힌다.

3. 제철 향미 채소를 올리자
영양밥은 제철 채소나 해산물을 재료로 하는 경우가 많기 때문에 제철 고명이나 향미 채소를 위에 올리면 계절을 최고로 맛볼 수 있다. 각 계절의 대표 채소로는 봄에는 산초나무 어린잎이나 물냉이, 여름에는 청자소나 햇생강, 가을에는 청유자나 감국, 겨울에는 유자나 쑥갓 등이 있다.

다 지었을 때 섞으면 딱 좋은

멸치 홍자소 밥

1년 내내 즐길 수 있는 간단 영양밥이다. 멸치도 홍자소도 그대로 먹을 수 있기 때문에 밥을 다 지었을 때 넣는다. 멸치는 뜸을 들이면 부드러워지고 염분도 적당히 나온다. 홍자소에도 염분이 있으므로 간이 적당히 된다.

재료(2인분)

쌀 2홉
잔멸치 80g
홍자소 후리카케 ½큰술

물 1½컵
술 2큰술
국간장 2큰술

1인분
606kcal
염분 2.7g

1 쌀은 씻어서 물(재료표 외)에 15분간 담갔다가 체에 올려 15분간 둔다.

2 밥솥의 내솥에 쌀, 물, 술, 국간장을 넣어 섞고 쾌속 취사 모드로 밥을 짓는다.

3 다 지어지면 멸치를 올리고 뚜껑을 닫아 4~5분 정도 뜸을 들인다.

4 홍자소 후리카케를 뿌리고 아래쪽부터 크게 뒤집어 자르듯 섞는다.

처음부터 같이 넣어 콩의 풍미가 나오도록

완두콩 밥

완두콩은 딱딱해서 바로 부드러워지지 않기 때문에 생쌀과 함께 처음부터 넣는다. 콩의 색은 조금 바래지지만 뚜껑을 열면 올라오는 콩의 향에서 봄의 숨결을 느낄 수 있다.

재료(2인분)

쌀 2홉
완두콩(알맹이) 100g
물 1½컵

술 2큰술
국간장 2큰술

1인분
758kcal
염분 1.8g

1 쌀은 씻어서 물(재료표 외)에 15분간 담갔다가 체에 올려 15분간 둔다.

2 완두콩은 껍데기를 까서 콩만 모은다. 깐 후 시간이 조금 지났을 때는 물에 담갔다가 밥을 짓기 직전에 건져 물기를 제거한다.

3 내솥에 쌀, 물, 술, 국간장을 넣고 섞은 후 완두콩을 올려 쾌속 취사 모드로 밥을 짓는다.

4 다 지어졌으면 4~5분간 뜸을 들인 후 크게 섞는다.

맑은 국을 곁들이면 훌륭한 반상이 된다

닭고기 푸성귀 영양밥

고기의 풍미와 푸성귀의 향이 잘 어우러지며 씹히는 맛도 있는 영양밥이다. 다진 닭고기는 밥을 짓는 도중에 넣어 풍미가 밥에 배어나도록 한다. 푸성귀는 채소의 향과 색을 살려야 하므로 다 지은 후에 넣자. 푸성귀 종류를 바꿔 각 계절에 맞게 즐기기 바란다.

재료(2인분)

쌀 2홉
다진 닭고기 100g
제철 푸성귀 40g
물 1½컵

술 2큰술
국간장 2큰술
소금 약간

※대용 → 푸성귀는 쑥갓이나 민들레, 청경채 푸른 부분, 소송채 등으로

1인분
683kcal
염분 2.6g

1 쌀은 씻어서 물(재료표 외)에 15분간 담갔다가 체에 올려 15분간 둔다.

2 다진 닭고기는 체에 올려 끓는 물에 살짝 담가 나무젓가락으로 섞으면서 푼 다음 건져 물기를 제거한다.

3 푸성귀는 소금물에 살짝 데치고 찬물에 담갔다가 건져 물기를 짠다. 잘게 다진다.

4 내솥에 쌀, 물, 술, 국간장을 넣고 섞은 후 쾌속 취사로 밥을 짓는다. 증기가 올라오기 시작하면 다진 닭고기를 올리고 뚜껑을 닫는다.

5 다 지어졌으면 푸성귀를 올리고 4~5분간 뜸을 들인 후 크게 섞어 준다.

생 버섯의 향도 즐길 수 있는

버섯밥

생 버섯은 영양밥으로 만들면 향이 진해서 아주 맛있다. 씹히는 맛과 신선함도 강조하고 싶다면 미리 데치거나 끓이지 말고 밥을 짓는 도중에 그대로 넣는다. 버섯은 1년 내내 구할 수 있기 때문에 종류가 다양하고 각각의 향과 맛이 있다. 여기서는 만가닥버섯을 사용했지만 취향에 따라 다른 버섯을 넣어도 좋다.

재료(2인분)

쌀 2홉
만가닥버섯 80g
청유자 껍질(채 썰어서) 약간

물 1½컵
술 2큰술
국간장 2큰술

※대용 → 만가닥버섯은 풍미가 있는 좋아하는 버섯으로

1인분
559kcal
염분 1.3g

1 쌀은 씻어서 물(재료표 외)에 15분간 담갔다가 체에 올려 15분간 둔다.

2 만가닥버섯은 뿌리를 자르고 하나씩 뗀다.

3 내솥에 쌀, 물, 술, 국간장을 넣고 섞어서 쾌속 취사로 밥을 짓는다. 증기가 올라오기 시작하면 만가닥버섯을 올리고 뚜껑을 닫는다.

4 다 지어졌으면 4~5분간 뜸을 들이고 크게 섞는다.

5 그릇에 담고 청유자 껍질을 올린다.

손이 많이 가도 만들고 싶은 집밥

떠먹는 초밥

옛날에는 여럿이 모일 때나 손님 대접을 할 때 떠먹는 초밥(지라시스시)을 자주 만들었다. 새우나 달걀 등 손이 가는 재료가 들어 있으면 그것만으로도 푸짐해 보이는데다가 각자 양도 조절할 수 있다. 무엇보다 집에서 만드는 초밥에는 특별한 맛이 있다. 여기서는 초밥에 고명을 더한 '고명 초밥'을 추천한다. 어떤 재료와도 잘 어울리기 때문에 회를 올리거나 데친 채소를 올리는 등 자유자재로 조합을 바꿔 즐길 수 있다.

1인분
622kcal
염분 2.8g

재료(만들기 편한 양·4~5인분)

고명 초밥(→오른쪽 참조) 쌀 3홉 분량

으깬 새우
    작은 보리새우 10마리
    물 1큰술
    술 1큰술
    미림 1큰술
    설탕 1큰술

얇게 구운 장어 1마리
다테마키(→125쪽) 달걀 3개
연어알 70g
뿌리 파드득나물 8개
김가루 적당량

※대용 → 재료는 무엇이든 잘 어울린다. 예를 들어, 소금물에 데친 완두콩이나 유채, 육수로 끓인 죽순 등 채소부터 소금물에 데친 새우, 훈제연어, 다랑어 절임 등 해산물, 작게 깍둑 썬 단무지도 맛있다.

1 으깬 새우를 만든다. 새우는 내장을 빼고 껍질을 벗겨 칼로 잘게 다진다. 냄비에 넣고 물과 술, 미림, 설탕을 더해 긴 나무젓가락으로 휘저어 섞으면서 익히고 체에 올려 즙을 짠다.

2 얇게 구운 장어와 다테마키를 1cm 폭 직사각형으로 썬다.

3 뿌리 파드득나물은 데쳐서 3cm 길이로 자른다.

4 접시에 고명 초밥을 담아 김가루를 뿌린 후 1~3을 흩뿌리고 연어알을 군데군데 올린다.

고명 초밥 재료

재료

쌀 3홉
물 480㎖

초밥 촛물
식초 4큰술보다 약간 적게
설탕 4큰술
소금 1큰술

고명
다진 생강 40g
다진 청자소 10장
흰 통깨 4큰술

※대용 → 그 밖에도 양하, 유자, 산초나무 어린잎 등 제철 채소를 더해도 좋다.

1 쌀은 씻어서 물(재료표 외)에 15분간 담갔다가 체에 올려 15분간 둔다. 밥솥에 쌀과 물을 넣고 밥을 짓는다.

2 고명인 다진 생강과 다진 청자소는 물에 담갔다가 건져 물기를 제거하고 깨를 넣어 섞는다. 촛물 재료를 잘 섞어 둔다.

3 1을 믹싱볼에 넣고 촛물을 넣어 섞는다. 고명을 넣어 더 섞다가 펼쳐서 식히고 젖은 행주를 씌워둔다.

초밥을 할 때 기억해야 할 것

초밥은 혼합초를 밥에 넣어 '맛의 길'을 만든 상태다. 혼합초가 다리 역할을 해서 밥과 재료가 잘 어울리게 되는 것이다. 초밥은 만들기가 어렵고 대량으로 만들지 않으면 맛이 없다? 그렇지 않다. 적은 양으로도 맛있게 만들 수 있다. 다음 4가지 포인트를 소개한다.

1 밥은 물을 적게 넣어 고슬고슬하게 짓는다.

초밥은 밥이 혼합초를 흡수하기 때문에 그만큼 물을 적게 넣고 짓는다.

2 촛물은 만들어 두면 편리하다.

기본 촛물 배합은 식초 18 : 설탕 12 : 소금 5다. 쌀 2홉일 때는 식초 36㎖, 설탕 30g, 소금 10g을 섞기만 하면 된다. 그러나 적은 양을 만들 때는 정확히 계산하지 않으면 맛이 달라지기 때문에 넉넉히 만들어 놓는 것을 추천한다. 만들기 편한 분량은 식초 180㎖, 설탕 120g, 소금 50g이다. 이를 섞어서 녹이고 쌀 1홉에 2½큰술을 섞기만 하면 초밥을 만들 수 있다. 저장용 병에 넣어 냉장고에 3개월간 보관할 수 있다.

3 적은 양을 만든다면 믹싱볼에 넣어 섞는다.

큰 대야에 갓 지은 밥을 넣고 촛물을 뿌려 자르듯 섞는다. 이것이 초밥을 만드는 기본이라고 하지만, 많이 만들 때 이야기다. 쌀 2~3홉으로 만든다면 믹싱볼이 편리하다. 양이 적으면 금방 식기 때문에 부채로 부쳐 식힐 필요도 없다. 완성되면 젖은 행주를 씌워두자.

4 '고명 초밥' 추천

기본 초밥에 고명을 섞으면 재료의 맛을 훨씬 살려주어 한 단계 높은 초밥으로 변신한다. 만들기도 매우 간단하다. 고명은 어떤 재료와도 잘 어울리는 생강, 청자소, 깨를 넣으면 되기 때문에 실패하지 않고 맛있게 만들 수 있다. 떠먹는 초밥이나 일반 초밥, 고등어 초밥에도 잘 어울린다.

나들이 갈 때나 사람들이 모일 때 적당한

초밥 김밥

밑간을 한 여러 재료를 김으로 말아 맛도 빛깔도 다양하게 즐길 수 있는 김밥이다. 들어가는 재료는 달짝지근한 달걀이나 박고지, 맛이 강한 새우, 향이 좋은 파드득나물, 입안을 시원하게 해주는 오이처럼 전체의 조화를 생각해서 균형을 맞춘다. 맛이 모두 비슷한 재료만 들어가면 금방 질려 맛있게 느껴지지 않는다.

재료(2인분)

초밥* 300g

달걀말이
　달걀 3개
　육수 ½컵
　설탕 ½큰술
　국간장 ½작은술

식용유 약간
말린 박고지 25g

국물
　물 2컵
　미림 ½컵
　간장 1⅓큰술
　설탕 1⅓큰술

뿌리 파드득나물 10개
새우 3마리
오이(세로로 4등분) 1개

다시마 소금물
　물 1½컵
　소금 1작은술
　국물용 다시마 5cm 조각 1장

김 1장
식초에 담근 생강 적당량
소금 약간

*201쪽 고명 초밥에서 고명을 섞기 전의 상태.

1인분
657kcal
염분 2.5g

1 달걀말이를 만든다(→124쪽). 식으면 1cm 폭으로 길게 자른다.

2 박고지는 미지근한 물에 담가 불리고 찬물에 담갔다가 살짝 데친다. 김 폭에 맞게 자른다. 작은 냄비에 국물 재료를 넣고 박고지를 넣어 국물이 없어질 때까지 조린다.

3 파드득나물은 뿌리 부분을 고무줄로 묶고 데친 후 물기를 짠다.

4 새우는 내장을 빼고 꼬치를 꽂아 휘지 않도록 해서 소금물에 데친 후 껍질을 벗긴다.

5 오이는 다시마 소금물에 담가 1시간 정도 뒀다가 물기를 제거한다.

6 김발에 김을 올리고 초밥을 펼친다. 1~5를 앞쪽에 나란히 놓는다.

7 한꺼번에 말고 김발을 고무줄로 감아 한동안 모양을 잡는다.

8 식초물(재료표 외)을 적셔 짠 행주로 칼을 닦는다. 먹기 좋은 크기로 썰고 칼을 닦는다. 접시에 담고 식초에 담근 생강을 곁들인다.

고등어 초절임을 만들었다면 꼭 해보자

고등어 초밥

정성을 들여 고등어 초절임(시메사바)을 만들었다면 절반은 고등어 초밥으로 만들어보면 어떨까? 가정에서 만들기 어렵다고 느낄 수도 있지만, 고등어 초절임만 있으면 간단하다. 고명 초밥을 쓰기 때문에 고등어의 강한 맛이 상쾌한 느낌으로 바뀌어 아주 맛있다. 다 말고 나서 먹기 전까지 랩으로 싸 놓으면 표면이 마르지 않고 편리하다.

재료(2인분)

고등어 초절임(→78쪽) 1개
고명 초밥(→201쪽) 밥 1그릇

1인분
577kcal
염분 2.2g

1 고등어의 양쪽을 누르면서 머리 쪽부터 껍질을 벗긴다. 도마에 세로로 놓고 중앙부터 좌우로 펼친다.

2 김발에 랩을 깔고 1번의 껍질 면이 아래로 오도록 하여 놓는다. 고명 초밥을 길게 위에 올리고 돌돌 만다.

3 중간 중간 김발로 꾹 누르면서 말고 랩으로 싸서 냉장고에 30분 정도 두어 맛이 배도록 한다. 먹기 좋게 자른다.

은근하게 덥혀 포근한

초밥 찜

살짝 쌀쌀한 날에 먹고 싶은 초밥이다. 가볍게 찌면 초밥이 풀어져 식초의 신맛이 부드러워지고 고명의 향도 살아난다. 낮에 가볍게 대접할 때도 좋다.

재료(2인분)

고명 초밥(→201쪽) 2인분
우엉·연근·당근·삶은 죽순 각 30g
생 표고버섯 2개
불린 톳 30g
실지단 적당량
꼬투리 완두콩 적당량

국물
물 160㎖
미림 1½큰술
간장 2작은술
다시마 5㎝ 조각 1장

1인분
594kcal
염분 2.2g

1 우엉, 연근, 당근은 껍질을 벗기고 죽순과 함께 1㎝ 크기로 깍둑 썬다. 모두 합쳐 2분 정도 데친다.

2 표고버섯은 줄기를 떼고 1㎝로 네모나게 썰어 끓는 물에 담갔다가 물기를 짠다.

3 완두콩은 꼬투리째 삶아서 채썬다.

4 작은 냄비에 국물 재료, 1, 2, 톳을 넣고 국물이 없어질 때까지 조린다.

5 뚜껑 있는 덮밥 그릇에 고명 초밥을 담고 실지단을 깐 후 4를 올린다.

6 증기가 올라오는 찜기에서 전체가 뜨거워질 때까지 찐 후 3을 흩뿌린다.

남녀노소 누구나 좋아하는 맛

유부초밥

하나만 더, 하나만 더 하며 자꾸 손이 가는 신기한 매력이 있는 유부초밥. 달고 짭짤하게 조린 유부에 초밥을 채우기 때문에 초밥은 기본 혼합초보다 설탕의 양을 줄여 유부와 균형을 맞춰야 한다. 여담이지만 일반 초밥을 만들 때도 마찬가지로 주인공인 재료를 돋보이게 하기 위해 밥에 설탕을 줄인다.

1인분
784kcal
염분 2.2g

유부초밥용 초밥
　쌀　2홉
　물　330ml

촛물
　식초　2⅓큰술
　설탕　1큰술
　소금　⅘작은술

유부　5장
쌀뜨물　적당량

국물
　물　2컵
　미림　¼컵
　간장　2큰술
　국간장　1⅓큰술
　흑설탕　30g

파드득나물　적당량

1 유부는 쌀뜨물에 5분 정도 삶아 기름을 빼고 찬물에 담가 문지르듯 씻은 후 물기를 짠다. 이렇게 하면 맛이 깔끔해진다.

2 냄비에 국물 재료와 1을 넣고 중불에 올리고 냄비보다 작은 뚜껑을 덮는다.

4 초밥을 만든다. 쌀은 씻어서 물(재료표 외)에 15분간 불렸다가 체에 올려 15분간 둔다. 밥솥에 쌀과 물을 넣고 밥을 짓는다.

5 4를 믹싱볼에 넣고 촛물 재료를 섞은 뒤 뿌린다. 그다음 주걱으로 자르듯 섞고, 가능하면 펼쳐서 식힌 다음 젖은 행주를 씌워둔다.

3 국물이 약간 남을 정도까지 조렸으면 불을 끄고 식을 때까지 그대로 둔다. 물기를 짜고 반으로 자른 후 주머니를 펼쳐 뒤집는다.

요리 팁

싸는 모양을 바꾸면 또 다른 멋이 느껴진다. 여기서는 유부를 뒤집어서 밥을 채웠는데, 뒤집지 않고 채워도 좋다. 또한 유부를 삼각형으로 잘라서 밥을 넣거나 펼쳐서 돌돌 말아 사용해도 좋다.

6 5를 10등분하여 가볍게 쥐고 3에 채워 넣어 데친 파드득나물로 묶는다.

토핑이 즐거운 유부초밥

누에콩 유부초밥

누에콩은 소금물에 데쳐서 얇은 껍질을 벗기고 유부초밥에 올린다.

산나물 유부초밥

싱겁게 데친 산나물을 육수 20 : 국간장 1에 살짝 끓인 후 식을 때까지 그대로 둔다. 물기를 제거하고 유부초밥에 올린다.

명란 유부초밥

구운 명란젓을 한 입 크기로 잘라서 데친 파드득나물과 함께 유부초밥에 올린다.

머위 멸치 유부초밥

데친 머위를 어슷하게 썰고 멸치와 함께 올린다.

가을의 미각과 함께 쪄 내는

밤 찰밥

찹쌀을 쪄낸 밥을 '찰밥(오코와)'이라고 한다. 쫄깃한 식감에 씹을수록 뭐라 형용할 수 없는 단맛이 난다. 또한 식어도 너무 딱딱해지지 않아 맛있게 먹을 수 있기 때문에 소풍 도시락에도 안성맞춤이다. 다시 찌면 갓 지은 것처럼 돌아가기 때문에 아주 귀한 밥이다.

1인분
585kcal
염분 0.5g

찹쌀 2홉
밤 적당량
쌀겨 적당량
치자 2개
청유자 껍질(얇게 채 썰어서) 약간
흰 통깨 적당량

소금물
　물 ⅓컵
　소금 ⅓작은술

1　찹쌀은 씻어서 물(재료표 외)에 담가 3시간 이상 둔 후 건져 물기를 제거한다.

2　밤은 겉껍질과 속껍질을 벗기고 냄비에 넣어 물(재료표 외), 물 중량의 1%만큼 쌀겨, 치자를 넣고 20~30분간 삶은 후 건져 물기를 제거한다. 물로 씻고 살짝 데쳐 쌀겨 냄새를 제거한 후 물기를 뺀다.

요리 팁

찹쌀과 일반 쌀(멥쌀)은 전분의 종류에 그 차이가 있다. 찹쌀에는 점성이 있는 전분 한 종류만 있다. 전분을 맛있게 먹을 수 있는 상태(호화)가 되는 온도도 찹쌀은 85℃, 멥쌀은 95℃로 차이가 있다. 찹쌀을 멥쌀처럼 지으면 밥알이 붙어서 떡처럼 되기 쉽다. 그 때문에 찹쌀은 쪄서 점성이 나오지 않도록 하는 방법이 일반적이다.

3　찜기에 들어갈 정도로 넓적한 체에 요리용 거즈를 깔고 1을 올린 후 증기가 올라오는 찜기에 그대로 넣어 20분 동안 찐다. 2를 올리고 10분간 더 찐다.

4　소금물을 만들어 손으로 위에서 구석구석 뿌리고 10분을 더 찐다. 접시에 담고 청유자 껍질을 흩뿌린다. 취향에 따라 통깨를 뿌린다.

평소에는 이런 찰밥을

멸치　찰밥

식어도 맛있는 찰밥은 매일 싸는 도시락으로도 좋다. 멸치에서 나오는 자연의 염분이 어우러져 맛있고 칼슘도 섭취할 수 있는 데다 찹쌀이기 때문에 배도 든든하다. 성장기 자녀에게도 추천하는데, 이때는 산초를 빼고 만들도록 하자.

찹쌀 2홉
잔멸치 50g
산초 간장 조림(병조림) 2큰술

소금물
　물 ⅓컵
　소금 ⅓작은술

1인분
387kcal
염분 1.5g

1　찹쌀은 씻어서 물(재료표 외)에 담그고 3시간 이상 둔 후 건져 물기를 제거한다.

2　찜기에 들어갈 정도로 넓적한 체에 요리용 거즈를 깔고 1을 펼친다. 증기가 올라오는 찜기에 30분 동안 찐다.

3　소금물을 만들어 찹쌀에 구석구석 뿌리고 5분 더 찐다.

4　믹싱볼에 넣고 잔멸치와 산초 간장 조림을 섞는다.

경사가 있는 날에 손수 만든 밥으로

팥 찰밥

붉은 빛깔이 예쁜 팥 찰밥은 경삿날에 어울리는 찰밥의 대표 주자다. 여기서는 간단하게 밥솥으로 찰밥을 하는 방법을 소개하겠다. 이렇게 하면 찰밥 만들기 난이도가 확 내려간다. 또한 기본 찜으로 해서 만든다면 오른쪽 아래 내용을 참고하기 바란다. 밥솥으로 찰밥을 지으면 수분이 많고 부드러워진다.

1인분
361kcal
염분 2.0g

재료(2인분)

찹쌀 2홉
팥 30g
물 적당량
소금 한 꼬집
깨소금 적당량

1 냄비에 팥과 물 1컵을 넣고 한소끔 끓인
다. 팥을 체에 올려 찬물에 담근다. 문지르
듯 씻은 후 물기를 짠다. 이렇게 하면 맛이
깔끔해진다.

2 1을 한 번 더 반복한다.

요리 팁

더 축하하는 기분을 내고 싶다면 도미
찹밥을 추천한다. 도미 10토막 정도에
양면에 소금을 치고 30분간 둔 후 뜨
거운 물에 데쳐 놓고 찹밥이 완성되기
10분 전에 올리기만 하면 된다. 가볍
게 섞어서 먹는다. 도미가 제철인 봄
에 산초나무 어린잎을 곁들이면 계절
느낌이 훨씬 산다.

3 냄비에 물 2컵과 2를 넣고 불에 올려 끓
어오르면 약불로 줄여 부드러워질 때까지
40~50분 정도 삶는다. 사진 왼쪽은 삶기
전, 오른쪽은 삶은 후다. 체로 건져 팥과 끓
인 물을 분리한다.

4 찹쌀은 살짝 씻고 5분 정도 물에 담근 후
물기를 짜서 밥솥의 내솥에 넣는다

5 3의 끓인 물에 물을 더해 찹쌀 양보다
약간 적게(300㎖) 붓고 소금을 넣어 밥을
한다.

6 밥이 다 지어졌으면 3의 팥을 올리고 뜸
을 들인 다음 전체를 크게 저어 넓적한 스
테인리스 통에 펼친다. 물에 적셔 꼭 짠 행
주를 덮어 둔다. 밥그릇에 담고 깨소금을
뿌린다.

찹밥을 쪄서 만든다면

찹밥은 원래 쪄서 만드는 것이 기본이다. 찹쌀 한 톨 한 톨이 제대로 살아 있어 먹으면 입안에서 풀어지는 것이 특징이다. 찔 때는 1.5~2%의 소금물(물 50㎖에 소금
½작은술을 녹인 것)을 따로 준비해 두었다가 뿌리면 찹쌀에 수분을 보충해주고 짠 맛도 더해준다.

❶ 팥은 1~3 과정과 똑같이 삶는다.

❷ 찹쌀은 팥을 삶은 물에 3시간 동안 담가 둔다.

❸ 넓적한 채나 넓적한 스테인리스 통에 행주를 깐다. 물기를 제거한 찹쌀을 펼치고 김이 올라오는 찜기에 넣는다.

❹ 30분 동안 찐 후 삶은 팥을 올리고 소금물을 위에서 구석구석 뿌린 후 10분 동안 더 찐다.

요구르트 된장 절임

소가족이 많아진데다가 바쁘기까지 한 현대에는 매일 뒤섞어야 하는 쌀겨 된장 절임(누카즈케)을 만들기가 힘들다. 그래서 생각한 것이 요구르트와 된장을 섞은 간편한 된장 절임이다. 된장 3 : 요구르트 1을 섞기만 하면 되기 때문에 적은 양도 만들 수 있고 4시간 만에 절일 수 있다. 생각났을 때 만들 수 있고 된장을 된장국으로도 다시 이용할 수 있으니 버릴 일도 없다.

1인분
110kcal
염분 2.7g

재료(2인분)

오이 1개
당근(세로로 4등분) 1개
가지(세로로 4등분) 1개
마(세로로 4등분) 8*cm*
우엉(세로로 4등분) 10*cm*
소금 적당량

절임 된장(만들기 편한 양)
된장 300g
요구르트 100g
국물용 다시마 5*cm* 조각 1장

※대용 → 채소는 무, 양배추, 양하 등으로

1 된장과 요구르트를 잘 섞어 다시마를 더한다. 밀봉할 수 있는 지퍼팩이나 식품용 보존 팩에 넣는다.

2 채소류는 모든 중량의 2%만큼 소금을 뿌리고 10분 동안 둔 후 소금을 더 뿌려 비빈다(이타즈리). 물로 씻고 70~80℃ 물에 살짝 데친다.

3 채소의 물기를 닦고 된장에 묻은 후 찬물을 담근 믹싱볼 등을 위에 올려서 실온에서 4시간 정도 둔다.

4 채소와 다시마를 꺼내 먹기 좋은 크기로 썰어 접시에 담는다.

요리 팁

여기서는 된장 3 : 요구르트 1로 배합했는데, 4 : 1도 괜찮다. 된장의 분량이 많기 때문에 빨리 절여진다. 된장은 두 번 정도 충분히 쓸 수 있다.

채소의 수분 때문에 물기가 많아지면 된장국으로 활용해보자. 재료에서 우러난 맛이 있기 때문에 육수는 필요 없다. 물에 풀기만 해도 발효한 풍미가 은근하게 느껴져 상큼한 된장국을 만들 수 있다.

어떻게 요구르트로 절일 수 있을까?

절임 된장은 된장에 들어 있는 유산균 등의 미생물이 발효하여 담백한 산미나 풍미가 생겨나면서 살짝 새콤한 절임을 만들 수 있다. 그 유산균은 요구르트에도 들어 있다. 풍미를 보충하기 위해 다시마를 같이 넣고 염분과 풍미가 있는 된장에 섞으면 대성공이다. 정말 절임 된장 맛이 난다.

맛있는 지게미 반죽을 구했다면 만들고 싶은

오이 지게미 절임

소금에 절인 오이를 지게미에 무치기만 하면 되는 간단 지게미 절임이다. 지게미의 맛을 살려야 하기 때문에 꼭 지게미 반죽으로 만들기 바란다. 된장도 넣으면 맛이 부드러워져 씻어내지 않고 그대로 먹을 수 있다.

재료(2인분)

오이 1개
지게미 반죽* 100g
된장 15g
소금 적당량

*술지게미는 굳힌 지게미가 아니라 맛이 확실히 남아 있는 지게미 반죽을 추천한다.

1 오이는 도마 위에 놓고 소금을 뿌린 후 중량의 3~5%만큼 소금을 발라 하루 둔다.

2 씻어서 물기를 닦고 먹기 좋은 크기로 자른다.

3 지게미 반죽과 된장을 합쳐서 오이와 섞는다.

1인분
140kcal
염분 1.9g

간단 절임 카탈로그

1시간 만에 완성! 다시마로 풍미를 더한다

간단 채소 절임

채소 자체에 본연의 맛이 있기 때문에 심플한 절임을 맛있게 만들 수 있다. 80℃ 물에 담그는 것이 포인트다. 이 온도는 손가락을 넣고 0.5~1초 견딜 수 있는 정도다. 이렇게 물에 살짝 담그면 채소의 조직이 무너지고 채소에 포함된 펙틴이 작용하여 소금물과 이어주기 때문에 시간을 들이지 않아도 채소가 절여진다.

재료(만들기 편한 양)

잎이 달린 순무 3개
오이 2개(180g)
당근 50g
소금 1큰술(채소 총중량의 2%)

소금물(염분 1%)
　물 250ml
　소금 2.5g
국물용 다시마 5cm 조각 1장

모든 양
86kcal
염분 2.5g

1 순무는 잘 씻어서 껍질을 벗기지 않고 세로로 반을 자른 후 두께 3mm로 썬다. 잎은 잘게 썬다. 오이는 두께 3mm로 어슷하게 썬다. 당근은 채 썬다.

2 모든 채소에 소금 1큰술을 뿌리고 5분 정도 지나면 문지른 후 20~30분간 둔다. 물기를 짜서 체에 올려 80℃ 물에 10초 정도 담갔다가 찬물에 넣는다.

3 소금물을 만든다. 물에 다시마를 넣고 15분간 두었다가 소금을 넣고 한소끔 끓인다. 이 소금물에 물기를 짠 2를 넣고 물이 든 믹싱볼을 위에 올려 30분간 둔다.

4 채소의 물기를 짜고 접시에 담는다.

가지 소금 절임

재료(2인분)

가지 2개
양하 2개
생강 20g

청자소 5장
소금 ½작은술

1인분
20kcal
염분 1.3g

1 가지는 세로로 반을 자른 후 어슷하게 썰고, 양하는 세로로 반을 자른 후 잘게 썬다. 생강과 청자소는 채 썬다.

2 가지와 양하를 비닐봉지에 넣고 생강과 소금을 더해 봉지째 주무른다.

3 주무르면서 생긴 물을 버리고 30분 정도 둔 후 청자소를 섞는다.

셀러리 절임

재료(2인분)

셀러리 50g   **절임물**
생강 30g   **물** 80ml   **설탕** 2큰술
홍고추 1개   **식초** 80ml   **소금** 약간

1 셀러리는 4cm 길이 긴 직사각형 모양으로 썰고, 생강은 얇게 썬다. 같이 살짝 데친 후 체로 건진다.

2 작은 냄비에 절임물 재료를 넣고 한소끔 끓여 식힌 후 1과 홍고추를 30분 동안 절인다.

1인분
38kcal
염분 0.5g

양배추 절임

재료(2인분)

양배추 200g   **청자소** 10장
래디시 3개   **소금** ½작은술

1 양배추는 한 입 크기로 썰고 래디시는 얇게 썬다. 청자소는 채 썬다.

2 양배추와 래디시, 소금을 비닐봉지에 넣고 봉지째로 주무른다.

3 물을 버리고 30분 정도 두었다가 청자소를 섞는다.

1인분
27kcal
염분 1.3g

생강 된장 절임

재료(2인분)

생강 30g
청자소 10장
된장(신슈 된장 등) 50g

1 생강과 청자소를 채 썰고 물에 씻은 다음 물기를 제거한다.

2 된장과 섞는다. 바로 먹어도 좋고 시간이 조금 지나서 먹어도 좋다.

1인분
55kcal
염분 3.1g

콜리플라워 간장 절임

재료(2인분)

콜리플라워 100g   **절임물**
자른 다시마 20g   **물** 4큰술   **설탕** 1⅓큰술
                  간장 3큰술   **술** 1큰술
                  미림 2큰술

1 콜리플라워는 잘게 떼서 데친다.

2 작은 냄비에 절임물 재료를 넣고 한소끔 끓여 식힌 후 콜리플라워와 다시마를 넣어 3~5시간 동안 절인다.

1인분
55kcal
염분 2.0g

- 213 -

1년 내내 즐길 수 있는 기본 조합

무　유부　된장국

제대로 숙성된 된장에는 풍미가 가득한데다가 재료에서 나오는 맛까지 어우러지기 때문에 강한 육수는 필요 없다. 니반다시를 쓰거나 물을 쓰면 된다. 멸치와 궁합이 좋다. 미리 다시마와 같이 찬물에 우려 놓으면 간단하다.

재료(2인분)

무 80g
유부 ½장
대파 ½개

멸치 육수
　물 2½컵
　국물용 멸치 4~5마리
　국물용 다시마 6cm 조각 1장

된장 40g

1인분
62kcal
염분 1.9g

1 무는 껍질을 벗기고 얇게 채 썬 후 끓는 물에 살짝 데쳐서 물기를 뺀다. 유부는 끓는 물에 데쳐 기름을 빼고 얇게 썬다. 대파는 5mm 폭으로 작게 썬다.

2 국물용 멸치는 쓴 맛이 나는 머리와 내장을 제거하고 등뼈를 따라 반으로 나눈다.

3 냄비에 물, 멸치, 다시마를 넣고 3시간 둔 후 무를 넣고 불을 켠다.

4 거품을 걷어내고 무가 부드럽게 익었으면 유부와 대파도 넣고 된장을 풀어 넣는다. 취향에 따라 멸치와 다시마를 빼도 좋다.

된장국 춘하추동

양배추는 큼직하게 썰고 햇양파는 낫 모양으로 썬다. 각각 끓는 물에 살짝 데쳐 물기를 빼고 멸치 육수에 넣어 끓인 후 된장을 풀어 넣는다.

토마토는 껍질을 벗겨 반달 모양으로 썰고 양하는 세로로 반을 썰어 끓는 물에 데친다. 멸치 육수에 된장을 풀어 넣고 채소를 더해 덥힌다.

만가닥버섯은 하나씩 떼고 순무는 껍질을 벗겨 세로로 반을 자른다. 끓는 물에 살짝 데쳐 물기를 빼고 멸치 육수에 넣어 끓인 후 된장을 풀어 넣는다.

브로콜리는 잘게 떼고 호박은 한 입 크기로 썬다. 각각 끓는 물에 데친 후 물기를 뺀다. 멸치 육수에 넣어 끓이다가 된장을 풀어 넣는다.

심플한 재료로 향이 진한 국물 맛을 내는

매실 청자소 맑은 국

영양밥이나 덮밥 등 밥에 염분이 있을 때는 된장국이 아니라 맑은 국을 곁들이는 것이 반상의 원칙이다. 국의 맛이 잘 나지 않는다면 꼭 국간장을 사용해보기 바란다. 육수 25 : 국간장 1로 맞추면 간이 딱 맞는다.

재료(2인분)

작은 매실 4개
청자소 2장
구운 김 ⅓장

맑은 국물
　육수(→42쪽) 1½컵
　국간장 1큰술보다 약간 작게
　술 1작은술

1인분
14kcal
염분 3.2g

1　냄비에 국물 재료를 넣고 끓인다.

2　청자소와 구운 김은 세로로 반을 자른다.

3　그릇에 매실과 청자소를 넣고 1을 부은 후 구운 김을 곁들인다.

맑은 국 춘하추동

삶은 죽순을 1㎝ 두께로 썰고 미역은 불려서 한 입 크기로 썬다. 그릇에 넣고 따뜻하게 덥힌 맑은 국물을 부은 후 산초나무 어린잎을 곁들인다.

무순은 뿌리를 자르고 청자소는 세로로 반을 자른다. 그릇에 넣고 온천달걀을 넣은 후 따뜻하게 덥힌 맑은 국물을 넣는다.

맛버섯은 끓는 물에 살짝 데친 후 물기를 빼서, 마는 갈아서 그릇에 넣고 따뜻한 맑은 국물을 부은 후, 뜨거운 물에 살짝 넣었다 뺀 쪽파를 곁들인다.

시금치는 데쳐서 먹기 좋은 길이로 썬다. 고구마는 한 입 크기로 썰어 삶는다. 그릇에 넣고 따뜻하게 덥힌 맑은 국물을 붓는다.

도미의 맛이 좌우하는 기품 있는 국

도미 국

찬물에 넣고 끓여 해산물의 맛이 충분히 우러난 국물을 '우시오지루'라고 한다. 이 국은 재료의 맛을 있는 그대로 즐길 수 있기 때문에 조미료는 소금만 쓴다. 그만큼 재료가 국의 맛을 결정한다. 다시마는 재료의 맛을 방해하지 않기 때문에 조금만 넣는다. 대신 좋은 것으로 사용하자.

재료(2인분)

도미(3장 뜨기) $\frac{1}{2}$개(100g)   **술** 1큰술
불린 염장 미역 30g   **소금** 적당량
물 2컵   **대파 흰 부분** 5㎝
국물용 다시마 5㎝ 조각 1장   **산초나무 어린잎** 적당량

1인분
85kcal
염분 1.3g

1 도미는 양면에 소금을 뿌리고 20분간 둔 후 끓는 물에 살짝 데쳤다가 찬물에 넣고 찌꺼기 등을 제거한 다음 건져 물기를 닦는다. 반으로 비스듬히 썬다. 미역은 먹기 좋게 자른다.

2 냄비에 도미, 물, 다시마를 모두 넣고 강불에 올려 끓어오르면 거품을 걷어내고 다시마를 꺼낸다. 약불로 줄이고 5분 정도 끓여 육수를 낸다.

3 2에 1작은술보다 약간 적은 소금과 술로 간을 하고 미역을 넣어 끓인다. 그릇에 담고 채 썬 대파 흰 부분과 산초나무 어린잎을 곁들인다.

고등어와 채소가 가득한 국

고등어 국

상인들의 마을인 오사카 센바에서 사랑 받는 요리에서 유래한 국(센바시루)이다. 고등어도 채소도 듬뿍 들어가 맛이 다양하다. 원래는 소금에 절인 고등어를 썼는데, 요즘에는 신선한 고등어에 소금을 쳐서 사용하면 된다. 비린내가 나면 맛이 없기 때문에 도미 국에 비해 소금을 많이 치고 시간도 오래 둬서 비린내를 제거한다. 그리고 끓는 물에 잘 데쳐야 한다.

재료(2인분)

고등어(3장 뜨기) $\frac{1}{2}$개(100g)   **물** 2$\frac{1}{2}$컵
우엉·당근·무 각 40g   **국물용 다시마** 6㎝ 조각 1장
쑥갓 약간   **국간장** 1작은술
생강(얇게 썰어서) 약간   **소금** 적당량

1인분
131kcal
염분 1.8g

1 고등어는 1㎝ 넓이로 비스듬히 썰고 소금을 뿌려 30분 정도 둔다. 끓는 물에 살짝 데친 후 찬물에 담갔다가 건져 물기를 닦는다.

2 우엉은 5㎜ 두께로 작게 썰고 당근과 무는 5㎜ 두께로 은행잎 모양으로 썬 후 3분 정도 데친다.

3 냄비에 물, 다시마, 1, 2를 넣고 가열하다가 끓어오르면 불을 줄이고 채소가 익을 때까지 끓인다. 국간장과 소금 $\frac{1}{2}$작은술로 간을 하고 데친 쑥갓을 넣는다.

4 그릇에 담고 얇게 썬 생강을 가운데에 올린다.

채소가 듬뿍, 고기는 약간 들어가 담백한 맛

돼지고기 국

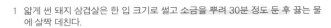

돼지고기와 채 썬 채소 국을 '사와니완'이라고 한다. 돼지고기와 채소에서 모두 강한 맛이 나기 때문에 육수도 다시마도 필요 없다. 물만 넣고 끓이면 된다. 재료의 깊은 맛을 느낄 수 있다.

재료(2인분)

돼지 삼겹살(얇게 썰어서) 30g
우엉 20g
삶은 죽순 20g
당근 20g
땅두릅 20g

대파 20g
뿌리 파드득나물 적당량
물 2컵
국간장·후추·소금 각 적당량

1인분
80kcal
염분 1.5g

1 얇게 썬 돼지 삼겹살은 한 입 크기로 썰고 소금을 뿌려 30분 정도 둔 후 끓는 물에 살짝 데친다.

2 우엉, 삶은 죽순, 당근은 채 썰고 뜨거운 물에 살짝 데친다. 땅두릅과 대파는 얇게 썬다. 파드득나물은 큼직하게 썬다.

3 1, 우엉, 죽순, 당근을 물에 부드럽게 끓이고 국간장과 후추를 넣어 간을 한다. 땅두릅과 대파, 파드득나물도 넣어 한소끔 끓인다.

쌀쌀한 날에 몸속부터 따뜻해지는

술지게미 장국

베이스가 되는 국물에 풍미가 없으면 맛이 없기 때문에 소금에 절인 연어를 쓰는 것이 포인트다. 숙성을 하여 연어에서 맛있는 풍미와 적당한 염분이 나오기 때문이다. 풍미가 확실히 남아 있는 술지게미 반죽을 사용하자. 술지게미에는 염분이 들어 있지 않으므로 된장을 술지게미의 ⅓ 정도만 같이 넣으면 간이 딱 좋다.

재료(3~4인분)

소금에 절인 연어 2토막
무 100g
당근·우엉 각 50g
생 표고버섯 작은 것 4개
곤약 ⅓개
유부 ½장

물 2½컵
국물용 다시마 5cm 조각 1장
반죽된 술지게미(→211쪽) 120g
된장 40g
겨울철 혼합 고명(→73쪽) 적당량

1인분
200kcal
염분 2.0g

1 소금에 절인 연어는 한 입 크기로 썬다.

2 무, 당근, 우엉은 껍질을 벗기고 각각 큼직하게 대충 썰고 살짝 데친다. 표고버섯은 줄기를 뗀다. 곤약은 한 입 크기로 찢어서 데친다.

3 유부는 끓는 물을 부어 기름기를 빼고 먹기 좋게 자른다.

4 냄비에 물, 다시마, 1, 2를 넣고 불에 올려 거품을 걷어내며 끓인다. 부드러워지면 술지게미, 된장을 풀고 3을 더해 한소끔 끓인다.

5 그릇에 담고 겨울철 혼합 고명을 올린다.

쌀쌀한 날에 먹고 싶은 따뜻한 국

돼지고기 된장국

뿌리 채소는 물에 처음부터 넣어 끓이면 맛이 진하게 우러난다. 그리고 마무리로 풍미가 강한 돼지고기를 더한다. 국물의 맛이 확실하므로 물 양에 비해 된장의 양은 약간 적어도 상관없다. 된장국일 때는 8%를 넣었는데, 돼지고기가 들어가면 6%만 넣는다. 또한 된장의 풍미를 살리기 위해 두 번에 나눠 넣는다. 첫 번째는 재료에 간을 하기 위해서고 두 번째는 풍미를 더하기 위해서다.

1인분
270kcal
염분 2.0g

재료(2인분)

돼지고기 삼겹살(얇게 썰어서) 100g
무 50g
당근 30g
토란 50g
생 표고버섯 2개
우엉 20g
곤약 40g
대파(잘게 썰어서) ½개
대파 푸른 부분 적당량
물 2½컵
된장 30g
시치미 고춧가루(취향에 따라) 약간

1 돼지고기는 3㎝ 길이로 썰고 끓는 물에 살짝 데친 후 찬물에 담갔다가 건져 물기를 뺀다.

2 무, 당근은 껍질을 벗기고 5㎜ 두께로 은행잎 모양으로 썰고 토란은 껍질을 벗기고 반달 모양으로 썬다. 표고버섯은 뿌리를 떼고 4등분하고 우엉은 껍질을 긁어내서 씻고 5㎜ 넓이로 얇게 썬다. 곤약은 숟가락을 이용해 한 입 크기로 찢는다.

3 2를 체에 넣고 뜨거운 물에 담갔다가 건져 물기를 뺀다.

4 냄비에 3과 물을 넣고 가열하여 끓어오르면 대파 푸른 부분을 추가하고 거품을 걷어내면서 끓인다.

5 채소가 반 정도 익으면 된장을 절반 풀고 1을 더한 후 한소끔 끓인다. 나머지 된장도 넣고 잘게 썬 대파를 더한 다음 불을 끈다. 대파 푸른 부분은 꺼낸다. 그릇에 담고 취향에 따라 시치미 고춧가루를 뿌린다.

제7장

달콤 후식

손수 만들어 맛이 각별한

아이 간식으로, 손님 접대용으로 손수 만든 후식은 어떨까? 팥으로 만든 소는 향도 좋고 당도도 조절할 수 있어 놀랄 만큼 맛있다. 사계절 행사에 맞는 과자도 꼭 만들어보기 바란다.

추억의 간식을 세 가지 고물에 묻혀

오하기

봄과 가을에 기리는 오히간(춘분과 추분 전후 3일씩을 가리키며 선조를 기리는 주간)은 조상을 공양하는 날로 악귀를 내쫓는 역할을 하는 붉은 색 음식을 귀하게 여긴다. 떡과자는 봄의 오히간에는 모란꽃을 표현한 '모란떡', 가을에는 싸리꽃을 표현한 '오하기'를 바치는 풍습이 있다. 단 맛이 귀했던 시절에는 크게 만들어서 푸짐하게 하는 것을 좋아했지만, 풍족한 생활을 하는 현대에는 아기자기하게 만들어야 좋아한다.

1인분
87kcal
염분 0.6g

찹쌀 100g
멥쌀 100g
물 220㎖
설탕 적당량
소금 1작은술
알갱이 있는 팥소(→222쪽) 140g
곱게 으깬 팥소(→223쪽) 100g
콩고물 5큰술

※대용 → 콩고물은 흑임자 고물(검은 통깨 30g, 설탕 2큰술, 간장 1작은술을 간 것)이나 호두 고물(볶은 호두 50g, 설탕 1큰술, 간장 1작은술을 간 것) 등으로

1 찹쌀과 멥쌀을 같은 양으로 섞고 물이 투명해질 때까지 씻는다. 듬뿍 담은 물(재료표 외)에 15분간 담갔다가 체에 올려 15분간 둬서 물기를 뺀다.

2 1에 물을 넣고 밥솥 쾌속 취사로 밥을 짓는다.

3 설탕 2큰술과 소금을 섞어 다 지은 밥에 넣는다. 전체적으로 균일하게 섞는다.

4 3을 믹싱볼이나 절구로 옮겨 절반 정도 으깨고 12등분한다. 8개는 동그란 타원형으로 빚는다. 4개는 똑같은 양으로 나눠 놓는다.

5 알갱이 있는 팥소로 싼 오하기 네 개를 만든다. 먼저 알갱이 있는 팥소 100g을 4등분한다. 물기를 꼭 짠 행주에 팥소 한 개를 올리고 평평한 타원형으로 펼쳐 4번에서 만든 타원형 밥 하나를 올린다.

6 행주를 이용해 밥을 팥소로 감싸고 모양을 잡는다. 나머지 3개도 똑같이 만든다.

7 곱게 으깬 팥소로 싼 오하기 네 개도 똑같이 만든다.

8 콩고물이 묻은 오하기를 만든다. 알갱이 있는 팥소 40g을 4등분하여 동그랗게 빚는다. 나머지 밥을 각각 넓적한 타원형으로 만들어 물기를 꼭 짠 행주에 올린다. 알갱이 있는 팥소를 중앙에 올린다.

9 행주로 감싸서 모양을 잡는다. 콩고물에 설탕을 약간 넣어 구석구석 묻힌다.

알갱이 있는 팥소 만들기

재료(완성된 양이 약 1kg)

팥 300g
물 1.5~1.8*l* (팥의 5~6배)
설탕 300g
물엿 3큰술
소금 한 꼬집

1 팥은 물(재료표 외)에 담가 떠오른 팥, 깨진 팥, 좀먹은 팥 등을 골라낸다.

2 큰 냄비에 팥과 팥의 두세 배 되는 물(재료표 외)을 넣고 불에 올린 후 부글부글 한소끔 끓으면 체로 건져 물을 버린다. 햇팥은 한 번, 오래 된 팥은 두 번 반복한다.

3 팥을 체에 올린 채 냉수에 넣는다. 팥의 조직에 금이 가 떫은 맛이 잘 빠지고 끓이기 쉬워진다.

4 팥을 다시 냄비에 넣고 물을 더해 뚜껑을 닫지 말고 강불에 끓인다. 끓어오르면 팥이 돌아다니지 않을 정도의 약불로 줄인다.

5 중간에 거품을 걷어내고, 팥이 수면 위로 올라올 듯하면 뜨거운 물을 더해서 공기에 닿지 않도록 하여 40분 동안 삶는다.

6 팥이 손가락으로 으깨질 정도로 부드러워지면 설탕 분량의 ⅓만큼 넣고 천천히 속까지 당분이 들어가게 한다.

7 두 번째 설탕(나머지 양의 ⅔)은 물이 졸았을 때 넣는다.

8 점점 타기 쉬워지니 나무 주걱으로 저으면서 한참 끓이다가 냄비 바닥에 주걱 자국이 보일 정도로 국물이 졸면 나머지 설탕을 넣는다.

9 국물이 바짝 졸면 물엿을 넣어 부드러우면서도 윤기가 흐르도록 더 저어준다.

10 마지막으로 소금을 더해 마무리하고 나무 주걱 흔적이 남을 정도로 굳어지면 완성이다.

팥과 설탕의 배합▶▶ 팥소를 만들 때 알갱이가 있는 팥소든 아니든 건조 팥 1 : 설탕 1로 양이 똑같다. 여기에 물엿을 3큰술 정도 넣는 것도 똑같다. 그러나 물양갱처럼 수분이 많고 부드러운 과자를 만들 때는 단 맛이 강하게 느껴지기 때문에 설탕을 적게 넣어야 한다. 양갱처럼 딱딱하게 굳힐 때는 설탕이 많이 들어가야 한다.

설탕 종류▶▶ 설탕은 백설탕을 쓰면 맛이 고급스러워지고 굵은 설탕을 쓰면 맛이 깊어진다.

조리는 정도▶▶ 알갱이 있는 팥소는 고운 팥죽 등 액체 상태로 쓸 때는 살짝만 조리고, 양갱, 혹은 껍질이 단단한 떡이나 경단의 팥소로 쓸 때는 바짝 조린다.

곱게 으깬 팥소 만들기

재료(완성된 양이 약 1kg)

팥 300g
물 1.5~1.8 l (팥의 5~6배)
설탕 300g
물엿 3큰술
소금 한 꼬집

1 팥은 '알갱이 있는 팥소 만들기'의 1~5까지 똑같은 방법으로 손가락으로 으깨질 정도까지 부드럽게 삶는다. 절구에 팥 양의 ⅓만큼 넣고 공이로 곱게 으깬다. 나머지 팥도 두 번에 걸쳐 더해서 으깬다.

2 믹싱볼에 체를 올리고 1을 넣어 거품기로 섞으면서 거른다. 체에 남은 팥은 다시 절구로 으깨고 다시 체에 넣는다. 잘 걸러지지 않을 때는 팥 삶은 물을 더한다.

요리 팁

팥은 껍질이 특히 딱딱하고 흡수성이 좋지 않기 때문에 물에 담가 둘 필요가 없다. 물에 담그고 바로 불에 올려도 좋다. 그리고 설탕은 수분과 연결해주는 성질이 있으므로 팥소에 설탕을 추가하면 걸쭉하게 흘러내리는 느낌이 난다. 타기 쉬우니 주의하면서 잘 섞어야 한다. 그리고 물엿은 전체적으로 윤기가 나도록 해주면서 팥소가 식어도 촉촉하도록 잡아 준다.

3 다른 믹싱볼에 체를 올리고 깨끗한 행주를 깐 후 2번에서 체로 걸렀던 팥소를 쏟아 행주로 감싸고 입구를 세게 비튼다.

4 행주째로 물에 넣고 가볍게 문질러 떫은 맛을 빼낸다.

6 5를 냄비에 넣고 설탕을 모두 넣어 약한 중불에 올리고 나무 주걱으로 젓는다. 냄비 바닥이나 냄비 가장자리에 붙은 것도 모두 뗀다. 생팥소에서 수분이 나와 걸쭉해진다. 타기 쉬우니 주의해야 한다.

7 설탕이 완전히 녹으면 물엿을 더해 잘 저어주고, 잘 섞여 윤기가 나면 소금도 넣어서 마무리하고 취향에 맞게 굳힌다.

5 물기를 꼭 짠다. 행주 안에 남은 것이 정제된 '생팥소'다.

봄을 부르는 연홍색과 벚꽃의 풍미

사쿠라모치 2종

사쿠라모치에는 박력분으로 만드는 간토풍과 도묘지 가루(쪄서 말린 찹쌀가루)로 만드는 간사이풍 두 종류가 있다. 간토풍은 에도시대에 무코지마(向島)의 조메지(長命寺)에서 만들어진 것이다. 박력분을 물에 녹여 구운 사쿠라모치 크레이프로 팥소를 덮는다. 한편 간사이풍은 찹쌀이 원료인 도묘지 가루를 벚꽃 색으로 물들여 찌고 팥소를 감싼다. 둘 다 벚꽃 잎으로 덮어 잎의 풍미가 배어들도록 하는데, 소금에 절인 잎을 써도 좋고 제철일 때는 생잎을 써도 좋다.

간사이풍 사쿠라모치

1개
112kcal
염분 0.1g

1개
102kcal
염분 0.3g

간토풍 사쿠라모치

간사이풍 사쿠라모치

도묘지 가루* 200g
물 200ml
설탕 ⅔큰술
식용색소(빨강) 약간
곱게 으깬 팥소(→223쪽) 150g
생 벚꽃 잎 10장

*도묘지 가루는 찐 찹쌀을 건조시켜 굵게 빻은
것이다. 도묘지란 오사카 후지이데라 시에 있는
여승방이다. 먼 옛날 덴만구(신사 이름)에서 잔치
를 하고 남은 밥을 건조시켜 저장한 것에서 유래
했다.

1 팥소를 10등분하여 타원형으
로 빚는다. 벚꽃 잎은 씻는다.

2 도묘지 가루를 믹싱볼에 넣고
물에 식용색소를 풀어 더하고 20
분간 둔다.

3 도묘지 가루가 핑크빛으로 물
들었다. 체에 올려 물기를 뺀다.

4 평평한 체에 요리용 거즈를 깔
고 3을 균등하게 펼친다. 증기가
올라오는 찜기에 넣어 뚜껑을 닫
고 5~10분 동안 찐다.

5 다 쪘으면 식기 전에 믹싱볼로
옮겨 설탕을 섞고 10등분한다.

6 5를 오븐 페이퍼 또는 랩 사이
에 끼워 나무 밀대로 살짝 얇게
편다. 젖은 행주에 올리고 팥소
를 가운데 올려서 감싸 타원형으
로 빚는다. 나머지 9개도 만든다.
생 벚꽃 잎으로 감싸고 찜기에 5
분 더 쪄서 벚꽃 잎의 향이 배도
록 한다.

간토풍 사쿠라모치

반죽
　박력분 110g
　전분 1큰술
　찹쌀가루 1큰술
　설탕 1큰술
　물 200ml
　달걀흰자 ½개
　소금 약간

식용색소(빨강) 약간
식용유 약간
알갱이 있는 팥소(→222쪽) 200g
소금에 절인 벚꽃 잎 10장

1 박력분, 전분, 찹쌀가루를 합
치고 흔든다. 소량의 물(재료표
외)에 식용색소를 푼다. 팥소는
10등분하여 타원형으로 빚는다.

2 1에서 흔들어 합친 가루에 설
탕, 물을 넣고 거품기로 균일하게
섞으며 망으로 거른다.

3 믹싱볼에 달걀흰자와 소금을
약간 넣고 거품기로 가볍게 거품
을 낸다. 2에 넣어 섞고 반죽이 부
드러워지면 1번의 식용색소를 세
네 방울 섞는다.

4 코팅 프라이팬을 가열하여 식
히고 키친타월로 식용유를 발라
불에 올린다. 3을 국자로 타원형
으로 얇게 흘리고 아주 약한 불
에 굽는다. 기포가 올라오고 테
두리가 마르기 시작하면 뒤집어
서 가볍게 굽는다.

5 바로 대나무 채 같은 것 위에
가지런히 놓고 식힌다. 나머지 9
장도 똑같이 굽고 열을 식힌다.

6 5로 팥소를 말아 소금에 절인
벚꽃 잎으로 감싸고 찜기에 2분
동안 쪄서 벚꽃 잎의 향이 배도록
한다.

단오 명절에 꼭 먹는 5월의 과자

가시와모치

가시와모치는 떡갈나무 잎으로 싼 찰떡인데, 떡갈나무 잎은 새싹이 날 때까지 오래 된 잎이 떨어지지 않기 때문에 오래 전부터 자손 번영을 상징해 단오 명절 떡으로 먹었다. 같은 단오 명절에 먹는 과자로 지마키(대나무 잎으로 말아서 찐 떡)가 있는데, 지마키의 역사가 더 오래 되었고 가시와모치는 에도시대부터 만들기 시작했다.

1인분
147kcal
염분 0.1g

쿠사모치(쑥떡)

가시와모치와 같은 떡에 쑥을 섞어 만들어 풀 향이 강하다. 원래는 히나 명절(여자어린이의 무병장수를 기원하는 명절)에 올렸던 떡이다. 베이킹 소다를 넣은 물에 쑥잎 15g을 데치고 찬물에 담가 손가락 끝으로 주물러 쓴 맛과 떫은 맛을 빼낸다. 떡을 다 찌면 같이 넣고 찧어 가시와모치와 똑같은 방법으로 만든 후 팥소를 넣고 감싼다.

재료(10개)

쌀가루* 200g
뜨거운 물(80℃ 정도) 200㎖
전분 적당량
곱게 으깬 팥소(→223쪽) 300g
떡갈나무 잎** 10장

*쌀가루는 찹쌀가루보다 점성은 약하지만 부드러운 식
감과 쫄깃쫄깃하게 씹는 맛이 있다.

**건조한 떡갈나무 잎은 물을 가득 넣은 냄비에 넣고 끓
어오르면 15분 정도 삶은 후 재빨리 찬물에 담갔다가
건져 물기를 제거하여 사용한다.

요리 팁

쌀가루를 사용한 떡 과자의 기본 배합은 중
량 비율로 쌀가루 1 : 뜨거운 물 1로 기억하
면 편리하다. 쌀가루만 들어가는 떡은 딱딱
해지기 쉬운데, 그때는 전자레인지로 데우
면 갓 찐 떡처럼 된다. 쌀가루의 ⅓만큼 찹
쌀가루로 바꾸면 식감이 쫄깃하고 부드러
워진다.

1 넓적한 스테인리스 통에 전분을 깔아
둔다. 곱게 으깬 팥소를 10등분해서 동글
게 빚는다.

2 믹싱볼에 쌀가루와 뜨거운 물을 넣어 수
분이 전체에 골고루 퍼지면 손으로 밀어내
듯이 익반죽한다.

3 굳기가 귓불 정도가 되면 뭉쳐서 찢는다.
찜기에 들어갈 크기의 평평한 체에 젖은 행
주를 깔고 나란히 놓는다.

4 증기가 올라오는 찜기에서 강불(95~100℃)
로 15~20분 정도 찐다.

5 4를 냉수에 담그고 열을 식힌 후 절구에
넣어 공이로 떡처럼 될 때까지 찧고 한데 모
은다.

6 손에 물을 묻히고 검지와 엄지 사이로 떡
을 40g 정도씩 짜면서 떼어내 10개를 만든
다.

7 1 스테인리스 통 안에 떡을 넣고 전분을
묻힌다.

8 오븐 페이퍼 사이에 떡을 끼우고 밀대로
가볍게 눌러 10×7㎝ 정도의 타원형으로
편다.

9 팥소를 넣어 반으로 접고 끝을 가볍게 눌
러 붙인다. 10개를 만든다. 떡갈나무 잎의
광택이 나는 면에 올리고 반으로 접는다.

10 찜기에 들어갈 정도로 넓적한 체에 젖은
행주를 깔고 위에 9를 올려 증기가 올라오는
찜기에서 5분 동안 찐다.

팥의 맛도 식감도 강한

물|양|갱

여름에 어울리는 물양갱은 수분을 많이 넣고 차갑게 하여 살살 녹는 식감이 돋보이는 후식이다. 여기서는 조금 더 굳혀서 '깔끔한 양갱'을 만들려고 한다. 시원한 느낌을 즐기고 싶을 때는 대나무통에 넣어 굳혀보자. 또 다른 느낌이 있다. 그러나 수분이 많은 만큼 오래 가지 않기 때문에 빨리 먹어야 한다.

1조각
134kcal
염분 0.2g

재료(18×18×4㎝ 굳힘틀 1개 분량)

팥가루(시판용) 150g
물 300㎖
설탕 150g
물엿 100㎖
소금 약간
한천가루 3g

1 팥가루는 믹싱볼에 넣고 물을 가득(재료표 외) 부어 손으로 잘 섞은 후 한참 둔다.

4 굳힘틀을 젖은 행주로 닦고 3을 흘려 넣어 표면을 평평하게 다진다.

2 팥가루가 가라앉으면 윗물을 버린다. 이 과정을 두 번 반복하여 마른 냄새를 제거한다.

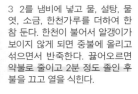

3 2를 냄비에 넣고 물, 설탕, 물엿, 소금, 한천가루를 더하여 한참 둔다. 한천이 불어서 알갱이가 보이지 않게 되면 중불에 올리고 섞으면서 반죽한다. 끓어오르면 약불로 줄이고 2분 정도 졸인 후 불을 끄고 열을 식힌다.

5 굳힘틀에 고무줄을 십자 모양으로 끼우고 랩을 씌워 냉장고에서 식힌다. 고무줄은 랩이 물양갱 표면에 붙지 않게 하기 위해 끼운 것이다.

6 굳힘틀의 안쪽 틀을 빼낸 다음 12등분으로 자른다.

쌀가루의 가벼운 식감과 마의 향

가루칸

가고시마의 명물이다. 가을에서 초봄까지 산마가 수확되는 계절에 먹는 과자다. 쌀가루에 수분을 더하지 않기 때문에 쪄도 가시와모 치처럼 되지 않는다. 멥쌀답게 담백하고 식감이 가볍다. 산마 잎이 붙어 있는 곳에 나는 작은 눈인 '주아'를 쪄서 더해도 좋다. 맛이 담백하기 때문에 흑당 시럽을 뿌려 먹는 것도 추천한다.

1조각
135kcal
염분 0g

재료(18×18×4㎝ 굳힘틀 1개 분량)

쌀가루 200g
설탕 200g
산마(야마토이모. 알맹이) 120g
달걀흰자 4개

※대용 → 산마 대신 장마도 좋다.

1 커다란 믹싱볼에 쌀가루와 설탕을 넣고 섞는다. 산마는 간다. 다른 믹싱볼에 달걀흰자를 넣고 뿔이 봉긋 솟아오를 정도가 될 때까지 거품을 낸다.

2 1번 가루에 간 산마를 넣고 야무지게 주무르면서 섞는다. 한참 주무르다가 잘 섞이면 달걀흰자도 더해서 거품이 없어지지 않도록 잘 섞는다. 손에 옻이 올라오면 비닐 장갑을 끼고 한다.

3 한 덩어리로 뭉친다. 굳힘틀 안쪽을 젖은 행주로 닦고 반죽을 넣어 표면을 평평하게 다진다.

4 찜기에 넣고 찜기 뚜껑 밑에 젓가락을 끼워 완전히 닫히지 않게 해서 증기를 날리면서 강불에 20~25분 동안 찐다.

5 다 찌고 난 후 식기 전에 칼로 굳힘틀의 안쪽을 따라 틀을 떼어 낸다.

6 식으면 안쪽 틀을 빼서 물에 적신 칼로 12등분하여 나눈다.

후루룩 잘 넘어가는 단 맛의 대표

구즈키리

칡가루와 물을 1 : 1 비율로 합쳐 평평한 판 모양으로 굳힌 것이 바로 구즈키리다. 갓 만들어내면 풍미가 좋고 쫄깃쫄깃한 식감에 맛도 있다. 두께나 길이는 취향에 따라 만들자. 자르는 법을 달리 하면 식감도 달라져 재미있다. 냉장고에 너무 오래 두면 하얗게 굳어서 맛이 떨어지기 때문에 먹기 30분 정도 전에 식히자.

1인분
204kcal
염분 0g

칡가루* 50g
물 50㎖
흑당 시럽 적당량

*칡가루는 칡뿌리에서 뽑은 전분이다. 감자 전분이 들어간 것도 있지만, 순수 100%인 칡가루를 사용하면 좋다.

1 칡가루와 물을 1 : 1로 해서 골고루 잘 섞는다.

2 고운 체망으로 칡가루 찌꺼기나 덩어리를 걸러낸다.

3 10×15㎝ 정도의 넓적한 스테인리스 통에 2를 얇게 흘려 넣은 다음 끓는 물에 바닥을 대고 좌우로 빠르게 흔들면서 중탕으로 익힌다.

4 칡이 평평한 상태로 굳어서 표면이 마르면 통에 든 채로 끓는 물에 잠기게 하여 아주 약한 불로 가열한다.

5 전체가 투명해지면 꺼내서 통에 든 채로 얼음물에 넣고 식힌다. 바로 주걱 등으로 떼어낸다. 너무 오래 식히면 불투명해지고 식감이 딱딱해지므로 주의해야 한다.

6 물기를 제거하고 5㎜ 폭으로 자른다. 칼을 물에 적신 후 칼날을 직각으로 대고 왼손으로 칼 끝 부분을 가볍게 누르면서 자르면 깨끗하게 잘린다. 접시에 담고 흑당 시럽을 뿌린다.

흑당 시럽

재료(만들기 편한 양)

흑당 150g	**물** 200㎖	**식초** 1큰술
설탕 130g	**물엿** 2큰술	

1 흑당을 잘게 깎아 작은 냄비에 넣는다. 다른 재료도 더해서 끓여 녹인다. 식초를 더하면 흑당의 알싸한 맛을 잡아낼 수 있다.

칡 만주의 변형이 우구이스모치다

칡 만주, 우구이스모치

칡가루와 물은 1 : 7로 배합한다. 칡 만주는 탄력 있는 칡 피에서 팥소가 비쳐 보여 청량감이 느껴지는 과자다. 이것을 벚꽃의 푸른 잎으로 감싸면 '칡 벚꽃'이 되고, 모양을 살짝 바꿔 휘파람새의 날개 같은 녹색 콩가루를 묻히면 '우구이스모치(휘파람새 떡이라는 뜻)'가 된다.

1개
75kcal
염분 0g

1개
60kcal
염분 0g

칡가루 100g
물 700ml
설탕 50g
곱게 으깬 팥소(→223쪽) 150g

칡 만주

1 팥소는 10g씩 동그랗게 빚어 냉동한다.

2 칡가루와 물을 균일하게 섞는다.

3 2를 촘촘한 체망에 거른 다음 냄비에 넣고 설탕을 더해 불에 올린다. 처음에는 강불에, 점성이 생기기 시작하면 불을 줄여 점성과 윤기가 확실히 생길 때까지 저어준다. 나무 주걱 손잡이를 세워서 잡고 냄비 속부터 쉬지 않고 젓는다.

요리 팁

화과자 가게에서는 물속에서 칡 만주의 반죽을 펼치고 꺼낸 다음 팥소를 감싼 후 다시 물속에 넣어 동그랗게 빚는다. 집에서 간단히 실패하지 않고 만들기 위해서는 팥소를 냉동하는 것을 추천한다. 그러면 칡 반죽이 안쪽으로도, 얼음물에 담근 바깥쪽으로도 식어서 빨리 굳는다. 그러나 얼음이 너무 많거나 오래 담가 두면 투명감이 없어지니 주의해야 한다. 랩으로 싸서 냉장고에 넣으면 4~5일 보관할 수 있다. 먹을 때는 랩에 싼 채로 물에 넣어 데우자. 투명감이 다시 살아난다.

4 얕은 컵을 15개 준비하여 랩을 깔고 3을 50g 정도씩 똑같이 넣는다. 1을 올리고 랩으로 복주머니처럼 감싸서 고무줄로 입구를 묶는다.

우구이스모치

1 녹색 콩가루 30g과 설탕 25g을 섞는다.

5 얼음물에 넣고 재빨리 식혀서 굳힌다. 열이 날아가고 굳어지면 고무줄 부분을 잘라서 꺼낸다.

2 칡 만주 만드는 법과 똑같이 만든다. 1을 묻히고 옆면을 엄지와 검지로 눌러 휘파람새 모양으로 빚는다.

고물을 바꿔 만들기가 즐거운

찹쌀 경단

흰색 비단처럼 반질반질하고 새하얀 찹쌀 경단. 깔끔한 찹쌀의 풍미와 매끄러운 식감에는 질리지 않는 매력이 있다. 꿀이나 팥앙금을
바르거나 고운 팥죽에 새알로 넣어 달게 즐길 뿐 아니라 된장국 재료가 되는 등 요리에도 귀하게 쓰인다.

1개
89kcal
염분 0.7g

재료(약 12개)

찹쌀가루* 100g
물 100㎖

흑임자 고물
흑임자 페이스트 15g
설탕 5g
간장 $\frac{1}{3}$작은술
물 1작은술

호두 고물
호두 15g
설탕 1작은술
소금 약간

산초나무 어린잎 된장
백된장 100g
술·미림 1큰술씩
달걀노른자 $\frac{1}{2}$개
산초나무 어린잎 20장

곱게 으깬 팥소(→223쪽) 적당량
밤감로(병조림) 적당량

*찹쌀가루는 찹쌀을 물에 담갔다가 건조시켜 갈아 만든다. 옛날에는 추운 계절에 만들었다고 해서 간자라시 가루라고도 불렸다.

요리 팁

찹쌀가루와 물의 기본 배합은 1 : 1이다. 그러나 여름에는 물을 많이 넣고 겨울에는 적게 넣으면 적당하게 굳는다. 처음에 물을 넣었을 때 좀 적나 싶어도 괜찮다. 힘을 주어 계속 반죽하면 꿋꿋한 반죽에 수분이 잘 배어들어 말랑말랑해진다.

1 흑임자 고물 재료를 모두 섞는다. 호두 고물은 호두를 볶아서 다지고 절구로 빻아 다른 재료와 섞는다. 산초나무 어린잎 된장은 먼저 어린잎 이외의 재료를 작은 냄비에 넣고 섞어 가열하면서 반죽하고 식힌다. 산초나무 어린잎을 잘게 썰어 절구에 빻아 섞는다.

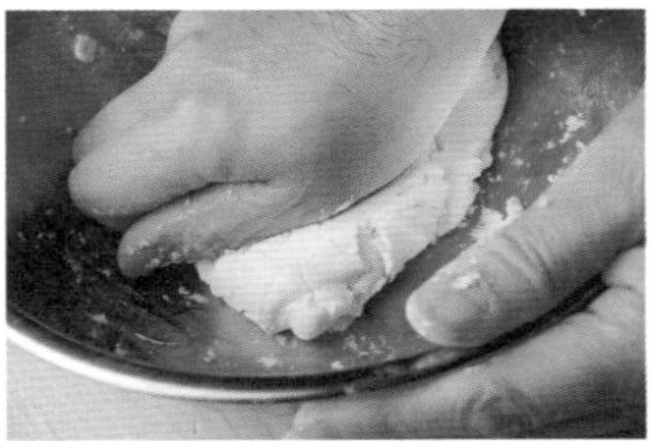

2 찹쌀가루를 믹싱볼에 넣고 물을 조금씩 넣으면서 반죽한다. 손바닥을 사용하여 꼼꼼하게 반죽하고 전체를 한 덩어리로 뭉친다.

3 반죽을 이등분하여 각각 봉 모양으로 대충 빚는다.

4 도마 위에서 굴려 지름 3㎝인 봉 모양을 만든다. 칼에 물을 적셔 2.5㎝ 폭으로 썬다.

5 하나씩 손바닥에 굴리면서 동그랗게 빚는다.

6 가운데를 손가락으로 눌러 살짝 패이게 한다. 이렇게 하면 중심까지 빠르고 균일하게 익는다.

7 끓는 물에 넣고 삶는다. 경단이 떠올라 표면이 투명해지면 완성이다. 냉수에 넣고 체로 건져 물기를 뺀다.

8 7에 두 종류의 고물과 산초나무 어린잎 된장, 팥소, 밤감로 등을 얹는다.

여름에 시원한 간식으로는 후르츠 경단을

제철 과일을 찹쌀 경단과 같이 담고 시럽이나 흑당 시럽(→231쪽), 꿀 등을 뿌리고 차게 해서 먹어도 좋다. 찹쌀 경단을 차게 하면 쫄깃한 식감이 덜하기 때문에 시럽이나 과일만 차갑게 한다. 오른쪽 후르츠 경단에는 색 배합을 맞추기 위해 삶은 누에콩을 곁들였다.

걸쭉하게 흘러내리는

검은콩 두유 푸딩

한천과 젤라틴을 둘 다 쓰기 때문에 걸쭉하면서도 탱탱한 절묘한 식감을 자랑한다. 검은콩 설탕 조림을 넣으면 물방울 모양처럼 보여 귀엽다. 전통 화과자에는 없는 새로운 일본식 디저트다.

1개
64kcal
염분 0.5g

재료(100㎖ 컵 4개)

두유 푸딩 반죽
　두유　250㎖
　물　25㎖
　설탕　35g
　소금　약간
　한천가루　1g
　젤라틴가루　1g보다 약간 적게

검은콩 설탕 조림(→246쪽)　50g

팥 소스
　팥가루(시판용)　50g
　설탕　50g
　물　100㎖
　소금　약간
　젤라틴가루　1~2g

1 냄비에 두유 푸딩 반죽의 모든 재료를 넣고 약불에 올린다. 섞으면서 끓어오르지 않도록 약하게 끓여 10% 정도 졸이고 식힌다.

2 용기를 물에 적셔 검은콩 설탕 조림을 깔고 1을 균등하게 부어 냉장고에 넣어 굳힌다.

3 팥 소스를 만든다. 팥가루에 물을 가득(재료표 외) 넣고 섞어서 한참 두어 가라앉으면 윗물을 버린다. 이 과정을 두 번 반복한다. 냄비에 넣고 다른 재료를 더해 불에 올리고 잘 섞으면서 한소끔 끓인 후 식힌다.

4 2가 굳어지면 팥 소스를 올려 차게 해서 먹는다.

요리 팁

한천과 젤라틴의 큰 차이점은 녹는 온도다. 한천은 50℃ 전후에 녹기 때문에 20℃인 실온에서는 물론 입 속에서도 녹지 않아 그 탄력이 맛으로 이어진다. 그러나 젤라틴은 10℃ 전후에서 녹기 때문에 실온에서도 금방 녹아 그만큼 녹는 맛이 일품이다. 여기서는 둘을 모두 사용해 한천의 적당한 탄력과 젤라틴의 부드러움을 겸비하도록 했다. 젤라틴가루는 일반적으로 물에 불려 사용하는데, 적은 양을 많은 물에 넣어야 할 때는 물에 불리지 않고 그냥 직접 넣어도 된다.

은은한 쓴 맛이 감도는

말차 아이스크림

달걀노른자가 들어가지 않아 맛이 깔끔하다. 말차를 너무 많이 넣으면 쓴 맛이 강해지므로 주의하자. 물엿은 아이스크림에 윤기를 내는 역할 외에도 식감을 축촉하게 해준다. 냉동고에서 굳혔다가 휘저어 섞는 작업을 반복하면 공기가 포근하게 들어가 촉감이 부드러워진다. 푸드 프로세서가 있으면 더 간단하다.

재료(4인분)
- **말차** 1큰술(5g)
- **생크림** 100㎖
- **우유** 250㎖
- **설탕** 60g
- **물엿** 1큰술

1인분
226kcal
염분 0.1g

1 냄비에 우유, 설탕, 물엿을 넣고 중불에 올려 물엿이 녹으면 식힌다.

2 믹싱볼에 생크림을 넣어 가볍게 거품을 낸다. 말차는 차 거르는 망에 걸러서 믹싱볼에 더한다. 둘을 섞으면서 1을 조금씩 더해 잘 섞는다.

3 금속제 용기에 2를 붓고 냉동고에 넣어 굳힌다. 중간에 두세 번 믹싱볼에 꺼내서 거품기로 섞거나 푸드 프로세서로 휘저어 공기를 넣는다.

4 따뜻하게 덥힌 숟가락으로 떠서 차갑게 식힌 그릇에 담는다.

더운 날에도 상큼하게 해 주는 생강의 자극

생강 셔벗

와인의 풍미에 레몬의 신 맛, 생강의 상큼함이 섞여 식후에 딱 맞는 셔벗이다. 초여름부터 한여름에 여기저기서 볼 수 있는 햇생강을 쓰면 풍미가 훨씬 가볍고, 가을부터 겨울에 쓰는 묵은 생강을 쓰면 개성이 강하게 나타난다. 물엿을 넣으면 셔벗이 잘 뭉쳐져 컵에 담기가 편해진다.

재료(4~5인분)
- **생강즙** 1큰술
- **물** 300㎖
- **그래뉴당** 75g
- **물엿** 65g
- **화이트 와인** 2큰술
- **레몬즙** 1큰술

1인분
107kcal
염분 0.1g

1 냄비에 물과 그래뉴당, 물엿을 넣고 불에 올려 녹인 다음 식힌다. 생강즙도 더해 금속제 용기에 넣고 냉동한다.

2 1이 완전히 굳으면 푸드 프로세서에 넣고 촘촘하게 간다. 화이트 와인과 레몬즙을 넣고 휘저은 다음 다시 한번 얼린다.

3 2를 부수어서 차가운 컵에 담는다.

시트러스 향기를 그대로 다과에 올린

뉴서머 오렌지필

시트러스의 복잡한 향이 가장 많은 부분은 껍질이다. 시럽으로 조리면 은은하게 나는 쓴 맛까지 남김없이 먹을 수 있다. 여기서는 봄부터 초여름까지 구할 수 있는 뉴서머 오렌지 껍질을 사용했는데, 어느 계절이든 상관없이 껍질이 두꺼운 감귤류를 쓰면 된다. 단 맛이 당기는 후식으로 먹기에도 좋은 깔끔한 디저트다.

모든양
854kcal
염분 0g

뉴서머 오렌지 껍질 100g(1개)

시럽
　설탕 200g
　물 200㎖

그래뉴당 적당량

※대용 → 자몽이나 분탄(자몽의 한 품종), 레몬,
유자, 오렌지, 여름 밀감 등 두께가 있는 감귤류
껍질이라면 무엇이든 좋다.

※준비: 종이로 작은 뚜껑을 만든다. 지름이 15
㎝인 오븐 페이퍼 1장을 삼각형으로 3번 접고 끝
부분을 가위로 잘라낸 후 각 변에도 여러 군데
칼집을 넣어 구멍을 뚫고 펼친다.

설탕 조림은 당분이 많이 들어 있기 때
문에 밀폐 용기에 넣어서 2~3개월 동
안 보관할 수 있다. 아이스크림이나 셔
벗에 섞거나 떡이나 과자 토핑으로 쓰
면 맛이나 색에 포인트를 줄 수 있다.

1 뉴서머 오렌지는 세로로 6등분하여 노
란 표피를 얇게 벗긴다

2 1을 가로로 반을 잘라 하얗고 얇은 껍질
을 깎아내듯 두께의 절반 정도까지 조심조
심 뗀다. 하얀 껍질을 많이 남기면 폭신한
식감이 남아 씹는 맛이 좋지 않다.

3 2를 찬물에 넣고 끓인 다음 삶은 국물
은 버린다. 껍질이 두꺼우면 두 번 삶아서
물을 버린다. 이렇게 하면 떫은 맛이 빠져
나가 맛이 깔끔해진다.

4 냄비에 설탕과 물을 넣고 졸여 시럽을 만
들고 3을 넣는다. 준비한 오븐 페이퍼를 뚜
껑 대신 덮고 중불에 끓인다. 국물에서 기포
가 자잘하게 올라오고 물이 줄어들 때까지
약 10분간 조린다.

5 4를 체에 올리고 물기를 제거한 후 그대
로 바람이 잘 통하는 서늘한 곳에서 반나절
~하루 말린다.

6 그래뉴당을 골고루 묻히고 다시 굳을 때
까지 반나절 정도 그늘에 말린다.

요즘 시대의 오세치

오세치(일본에서 정월 명절에 먹는 음식)는 '御節'라고 쓴다. 농업을 생활의 기반으로 삼아 왔던 일본인이 새해 정월에 벼농사를 지키는 신을 맞이하여 공양물을 올린 후에 먹었던 것이 그 유래다. 지금까지도 사악한 기운을 쫓는 도소주(屠蘇)를 마신 후 조니(미소 국물에 떡을 넣고 끓여 정월에 먹는 일본식 떡국)와 함께 오세치를 먹는 습관이 전해지고 있다. 겉보기에도 아름다운 요리를 모은 이 오세치는 자그마한 21㎝ 사각 찬합 1단에, 시대가 바뀌어도 꼭 만들고 싶은 것들을 채워 현대에서도 환영 받을 수 있게끔 만들었다.

1. 축하하는 마음을 표현하다

오세치에는 새해를 맞이하는 '감사', '기쁨', '축하', '기원' 등의 마음이 담겨 있다. 종류를 많이 만드는 해에도 간단하게 만드는 해에도 축하 술안주 3품 '다즈쿠리', '생채(나마수)', '청어알'과 '검은콩'만큼은 준비한다. 그 이외에는 지역이나 가족 구성, 취향 등에 따라 바꿔도 좋다.

찬합에 담는 것이 기본인데, 네모난 쟁반이나 둥근 쟁반, 서양식 접시 등에 담아도 예쁘다. 그때는 축하의 마음이나 빛깔을 표현한 그릇을 쓰는 것이 중요하다. 집에 있는 쟁반 중에 격조 높은 칠기나 청아한 느낌이 나는 흰색 칠기, 경사의 느낌이 나는 붉은 색 그릇, 금은이 장식되어 있는 그릇, 소나무나 대나무나 매화, 또는 두루미나 거북 등 길조 문양이 그려져 있는 그릇을 추천한다. 특별한 그릇이 없다면 '어려움을 극복한다'는 남천 잎, 장수를 뜻하는 솔잎을 그릇에 곁들이자. 단정하고 균형을 잡아 담아 축하하는 마음을 표현할 수 있다.

2. 오세치에는 지혜가 담겨 있다

오세치에는 일본 식문화의 지혜가 담겨 있다. 말린 검은콩에서는 게우는 법과 맛을 배게 하는 법을, 해산물 염장품인 청어알에서는 소금 빼는 법을 배울 수 있다. 해조를 쓴 다시마 말이나 보존성이 높은 뿌리 채소를 맛있게 먹는 우엉 무침, 보존 역할도 하는 식초를 사용한 생채 등 다양한 맛이 어우러져 있다. 오세치에는 일식의 지혜가 한데 모여 있는 것이다. 검은콩, 다즈쿠리 등 1년에 한 번밖에 등장하지 않는 요리도 있지만, 이 또한 우리 조상이 생각을 거듭한 끝에 만든 것이다. 기나긴 시대를 거쳐 전해져 온 요리기 때문에 만들 가치가 있다. 다음 세대에 전해주고 싶은 요리다.

3. 보존을 우선시하지 않아도 되는 시대

오세치는 원래 간을 세게 하여 보존성이 뛰어나다. 냉장고가 없던 시절에 상점이 쉬는 정초 사흘 동안 먹기 위해, 식어도 맛있는 요리만 모았기 때문이다. 그러나 현대에는 냉장고도 있고 다시 따뜻하게 데워주는 전자레인지도 있다. 보존을 신경 써서 간을 세게 할 필요가 없다. 모두 차갑지 않게 전자레인지에 덥혀서 먹어도 좋을 것이다.

오세치 준비 스케줄

12월 28일
- 청어알의 '육수 간장', 생채의 '혼합초', 검은콩의 '당밀', 구리킨톤의 '당밀', 우엉 무침의 '깨초 간장' 등 각 요리에 필요한 혼합 조미료나 꿀을 만들어 놓는다.
- 다시마 말이에 쓸 박고지를 불린다.
- 검은콩을 쌀뜨물에 담가 둔다.

29일
- 생채를 만든다.
- 검은콩을 2시간 삶고 나서 다시 삶아 떫은 맛과 탄산수소나트륨 냄새를 뺀다.
- 우엉 무침을 만든다.
- 금눈돔을 된장에 담근다.

30일
- 소금 청어알의 소금기를 뺀다.
- 검은콩을 쪄서 첫 번째로 당밀에 조린다.
- 다시마 말이를 만든다.
- 구리킨톤을 만든다

31일
- 다즈쿠리를 만든다.
- 검은콩을 두 번째로 당밀에 조린다.
- 윤기 나는 새우 조림을 만든다.
- 금눈돔을 굽는다.
- 청어알을 육수 간장에 담근다.
- 요리가 다 되었으면 찬합에 담는다.

간단하고 바삭하며 향기와 풍미가 모두 좋은

다즈쿠리

'다즈쿠리(멸치 볶음)'란 논밭의 비료이기도 한 정어리에 풍작의 염원을 담은 요리다. 마른 멸치는 휘어지지 않은 것으로 고른다. 수분을 날리기 위해 볶을 때는 프라이팬으로 볶기도 하지만, 가정에서는 전자레인지를 추천한다. 훨씬 간편하다.

모든양
667kcal
염분 4.8g

재료(만들기 편한 양)

마른 멸치* 50g
술 ½컵
설탕 50g
미림 ½컵
간장 1큰술
물엿 ½큰술
파래·흰 통깨·시치미 고춧가루
　약간씩

*마른 멸치는 정어리 새끼를 말린 것.

※대용 → 파래나 깨 대신 잘게 다진 땅콩
으로

요리 팁

마른 멸치에는 쓴 맛이 있기 때문에 깨나 파래, 시치미 고춧가루 등으로 풍미를 더하면 먹기 쉬워진다. 칼슘이 풍부한 마른 멸치는 볶기만 해도 맛있으므로 술안주나 어린이 간식으로도 좋다.

1 마른 멸치는 내열 접시에 겹치지 않도록 가지런히 놓고 랩을 씌우지 않은 상태에서 전자레인지로 3분간 가열한다. 왼쪽은 가열하기 전의 생 멸치. 오른쪽은 가열한 후다. 바삭해져 있다.

2 냄비에 술, 설탕, 미림을 모두 넣고 중불에 올린다. 바짝 졸아 기포가 커지기 시작하면 간장과 물엿을 넣는다.

3 1의 마른 멸치를 넣고 재빨리 섞은 다음 불을 끈다. 너무 졸아 국물이 끈적해지면 술을 약간(분량 외) 넣는다.

4 평평한 접시나 통에 옮겨 국물을 섞으면서 펼쳐 식힌다. 국물은 사진처럼 흐를 정도면 된다. 식으면 적당하게 굳는다.

5 국물이 균일하게 섞였으면 식기 전에 파래와 통깨를 섞고 시치미 고춧가루를 뿌려 한데 섞는다.

꼬들꼬들 씹는 맛이 있는

청어알

청어알(가즈노코)은 그 안에 자손 번영의 염원을 담았다. 소금 청어알에서 소금을 빼는 것이 포인트다. 1% 연한 소금물을 몇 번 바꾸면서 청어알의 염분을 천천히 구석구석 빼고 풍미만은 남겨 둔다. 소금을 뺄 때 민물을 사용하면 청어 표면이 싱거워져 상하기 쉽다.

1조각
241kcal
염분 8.4g

재료(만들기 편한 양)

소금 청어알 10개
소금 적당량
술 적당량

육수 간장
  육수 250㎖
  간장 50㎖
  술 50㎖
  깎은 가다랑어포 한 줌

1 1ℓ의 물에 1%의 소금(2작은 술)을 넣어서 연한 소금물을 만들어 청어알을 담근다. 소금물을 두세 번 바꿔 소금맛이 약간 남을 정도로 소금을 뺀다.

2 청어알의 껍질을 잡아당겨 조심스레 벗긴다.

3 청어알을 술로 씻는다. 이렇게 하면 표면의 수분이 씻겨나가 오래 보존할 수 있다.

4 냄비에 육수 간장 재료를 넣고 한소끔 끓인 후 거르고 식힌다.

5 4에 3 청어알을 하루 정도 절인다.

- 243 -

입가심으로 먹기에 딱 맞는

생채

생채(나마수)는 무와 당근을 넣은 홍백 생채가 기본이다. 붉은색은 어려움을 쫓아내고 흰색은 청결함을 나타낸다. 여기서는 오이를 더해 상큼하게 만들었다. 채소는 소금물에 담가 물을 빼고 혼합초와 잘 섞이도록 소금을 더한다.

모든양
261kcal
염분 4.9g

재료(만들기 편한 양)

무 300g
오이 1개
당근 60g
목이버섯 30g
소금 약간

혼합초(나마수초)
물 1컵
식초 130㎖
미림 4큰술
소금 1작은술
다시마 5㎝ 조각 1장

※대용 → 채소는 연근이나 만가닥버섯 등, 과일로는 감이나 귤, 사과 등을 추가해도 좋다.

요리 팁

혼합초(나마수초)는 토사초(→56쪽)의 변형이다. 재료를 오래 담그기 때문에 색이 바래지 않도록 간장 대신 소금을 사용했다.

1 무, 오이와 당근은 5㎝ 길이로 채 썬다. 1.5% 소금물(물 1ℓ에 소금 약 1큰술)에 무, 당근을 15분간 담근 다음 오이도 더해서 15분 더 담근다. 목이버섯은 물에 담가 불리고 데쳐서 얇게 썬다.

2 혼합초는 재료를 함께 한소끔 끓인 후 다시마를 빼고 식힌다.

3 무, 당근, 오이의 물기를 꼭 짜고 2에 15분 이상 담근다. 목이버섯도 더해서 가끔 섞어준다.

수제로만 맛볼 수 있는 산뜻한 단 맛에 밤도 듬뿍

구리킨톤

금덩어리를 연상시켜 풍요로운 삶을 염원하는 요리다. 치자 열매로 물들여 예쁜 황금색을 만든다. 고구마의 풍미가 살아 있어 질리지 않는다. 밤감로는 따뜻하게 덥혀서 넣도록 하자. 차면 뜨거운 고구마 반죽과 온도차가 생겨 잘 섞이지 않고 밤도 잘 깨진다.

재료(만들기 편한 양)

고구마 500g
구운 명반* 1작은술
치자 열매** 2개
밤감로(병조림) 약 20알
물엿 3큰술
소금 ½작은술

당밀
물 1컵
설탕 230g

*황산알루미늄 수용액과 황산칼륨을 합쳐 가열하여 가루 분말로 만든 것. 떫은 맛을 빼거나 뭉크러지는 것을 방지하는 효과가 있다.

**꼭두서니과의 상록 작은 키 나무 열매로 가열하면 주황색이 되어 염료로 사용한다.

※대용 → 밤감로 대신 군밤을 쓰면 고소해진다. 고구마 대신 강낭콩을 써서 마메킨톤을 만들어도 좋다.

모든양
2545kcal
염분 2.0g

1 고구마는 3~4cm 두께로 동그랗게 썰고 껍질을 두껍게 벗긴다. 물 1ℓ에 구운 명반을 녹여 여기에 고구마를 20분 동안 담가서 떫은 맛을 빼고 물기를 제거한다.

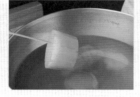

2 치자 열매를 잘라 거즈로 싸고 냄비에 넣는다. 물 1.5ℓ와 고구마를 넣어 중불에 삶는다. 꼬치가 쑥 들어갈 정도로 고구마가 익으면 식기 전에 고운 체에 거른다.

3 당밀을 만든다. 냄비에 물과 설탕을 넣고 약불에 올려 설탕을 녹인다. 전자레인지로 가열해서 녹여도 좋다.

4 냄비에 2를 담고 당밀을 조금씩 더하면서 약한 중불에 나무 주걱으로 반죽하면서 섞는다.

5 고구마가 부드러워지면 당밀을 많이 넣고 계속 저어준다. 마지막에는 나머지 당밀을 모두 넣고, 되직해져 주걱을 움직이면 냄비 바닥이 보일 정도까지 섞어준다.

6 나무 주걱이 잘 움직여지지 않을 정도로 무거워지면 물엿을 넣고 더 반죽한다.

7 쉬지 않고 반죽하여 주걱을 저으면 냄비 바닥이 보일 정도로 만든다.

8 마지막으로 소금을 넣어 간을 한다.

9 밤감로를 내열 용기에 넣고 병조림 시럽을 조금 더해 전자레인지에 넣고 사람의 체온 정도로 덥힌다. 8에 더해서 가볍게 섞는다.

킨톤의 응용

살구 킨톤으로 만들면 색이 화사해진다. 말린 살구 100g, 물 ¼컵, 설탕 30g을 합쳐 냄비에 넣고 중불로 국물이 절반으로 줄어들 때까지 조린다. 국물째로 푸드 프로세서에 넣고 퓌레로 만든다. 구리킨톤 만들기 과정 7단계까지 똑같이 한 후 소금과 밤감로를 더한다.

반들반들 검은콩이 당밀을 머금고 봉긋

검은콩 설탕 조림

새해를 '콩콩 뛰어다니도록' 건강하게 보내라는 그런 염원이 담긴 요리다. 콩을 불리거나 당밀을 머금게 하는 등 작업에 사흘이 걸리는데, 실제로 직접 다루는 시간은 두세 시간이다. 다른 집안일을 하면서도 만들고 싶은 부드럽고 반들반들한 검은콩이다.

모든양
1352kcal
염분 1.0g

재료(만들기 편한 양)

검은콩 300g
쌀뜨물 적당량
베이킹 소다 1큰술
철 수세미* 1개
생강즙 1작은술
설탕 1kg
간장 1큰술

*녹슨 못도 좋다.

※ 준비 → 깨끗한 철 수세미에 소금을 뿌려 녹을 낸다. 녹슨 부분을 꺼내서 거즈로 감싼다.

1 검은콩은 먼저 물로 씻고 좀먹은 콩이나 물에 뜨는 콩을 골라낸다.

2 쌀뜨물에 담가 하룻밤 두어서 떫은 맛을 제거한다. 껍질에 아직 주름이 남았을 때는 쌀뜨물을 새로 갈아서 하룻밤 더 둔다. 쌀뜨물로 하면 떫은 맛이나 냄새가 더 잘 빠진다. 상처 난 콩이나 깨진 콩을 골라낸다.

3 불린 검은콩을 물에 10분 정도 담가 쌀뜨물을 깨끗이 씻고 커다란 냄비에 넣어 잠길 정도로 물을 채우고 베이킹 소다, 거즈로 싼 철의 녹을 더한다.

4 불에 올려 끓어오르면 약하게 줄이고 작은 뚜껑을 덮어 2시간, 약불에 표면이 흔들릴 정도로 불을 조절하여 삶는다. 콩이 표면 위로 나오면 뜨거운 물을 더 붓는다. 불을 끄고 실온이 될 때까지 둔다. 사진은 2시간 삶은 상태.

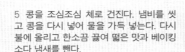

5 콩을 조심조심 체로 건진다. 냄비를 씻고 콩을 다시 넣어 물을 가득 넣는다. 다시 불에 올리고 한소끔 끓여 떫은 맛과 베이킹 소다 냄새를 뺀다.

6 찜기에 들어갈 크기의 평평한 체에 젖은 행주를 깔고 콩을 올린 다음 증기가 올라오는 찜기에서 10분 동안 찐다. 콩의 수분이 날아가면서 뜨거워져 당밀이 잘 배어들게 된다. 이 단계에서는 색깔이 연하지만 설탕으로 조리면 다시 까매진다.

7 냄비에 물 500ml와 설탕 400g을 넣고 불에 올려 녹여 당밀을 만든다.

8 7에 검은콩을 넣고 오븐 페이퍼로 만든 작은 뚜껑을 덮어 약불에 20분 동안 조린다. 반드시 당밀에 콩이 잠기게 하고, 콩이 위로 나오면 물 1l에 설탕 400g을 녹인 당밀을 추가한다. 하룻밤 그대로 두어 맛을 안정시킨다.

9 이튿날 냄비에 설탕 200g, 생강즙을 더해 약불에 올리고 보글보글 20분간 조린다. 취향에 따라 간장 1큰술을 넣는다.

깨초가 속까지 배어들어 깊은 맛을 내는

우엉 무침

우엉은 땅에 뿌리를 깊게 내리는 채소기 때문에 가정의 기초가 단단해지기를 염원을 담아 요리한다. '우엉 무침(다다키고보)'은 칼이나 절구로 우엉을 두드려 딱딱한 심줄을 풀어주어 속까지 맛이 배어들도록 한다. 씹으면 풀어질 정도로 부드러우면 가장 좋은데, 거기에 우엉의 깊은 맛에 깨초의 풍미가 더해진다.

모든양
505kcal
염분 3.5g

재료(만들기 편한 양)

우엉 150g
식초 1큰술

깨초 간장
　흰 통깨 50g
　육수 5큰술
　식초 5큰술
　간장 4큰술
　설탕 40g

요리 팁

우엉은 껍질 주변에 향과 맛이 배어 있으므로 껍질을 쓰도록 한다. 우엉에 맛을 배어들게 하려면 뜨거운 상태의 깨초 간장과 갓 삶은 따뜻한 우엉, 이 둘의 온도차가 없도록 준비해야 한다. 그리고 최대 지름 2㎝ 정도 되는 우엉이 맛있다.

1 우엉은 흙이 묻어 있다면 수세미로 껍질을 긁어서 씻고, 깨끗한 우엉은 가볍게 씻는다.

2 우엉을 5㎝ 길이로 썰고 세로로 반(두꺼울 때는 4등분)을 자른다. 칼등이나 공이로 중심부까지 금이 갈 정도로 두드리고 물에 15분 정도 담갔다가 건져 물기를 제거한다.

3 냄비에 1ℓ 물을 끓이고 1.5% 식초(1큰술)를 더해 우엉을 삶는다. 물이 찰 때 우엉을 넣어 삶으면 우엉의 떫은 맛이 남기 때문에 끓는 물에 넣도록 하자. 먹어 보고 씹는 맛이 남을 정도로 삶고 체로 건져 물기를 말끔히 제거한다.

4 그동안 깨초 간장을 만든다. 절구에 깨를 넣고 알갱이가 절반 정도 남을 만큼 반만 빻는다. 작은 냄비에 육수와 식초, 간장을 넣고 한소끔 끓인 후 설탕을 녹여 똑같이 끓여 신 맛도 날린다. 빻은 깨에 넣고 섞는다.

5 우엉이 식기 전에 뜨거운 4에 넣고 잘 섞는다. 위아래로 뒤집으면서 구석구석 맛이 배어들도록 한다.

생강의 풍미로 간이 센 오세치 요리에 변화를 준

새우 조림

새우의 수염과 휘어 있는 모습은 노인으로 연상시킨다. 그래서 새우 요리로 장수를 염원한다. 붉은 색도 경사의 상징이다. 머리가 붙어 있는 싱싱한 새우로 만들자. 새우는 너무 익히면 딱딱해지기 때문에 적은 국물로 단시간에 조려야 한다. 그러기 위해서는 작은 뚜껑을 덮어 국물이 새우에 충분히 배어들도록 하는 것이 포인트다.

모든양
236kcal
염분 1.1g

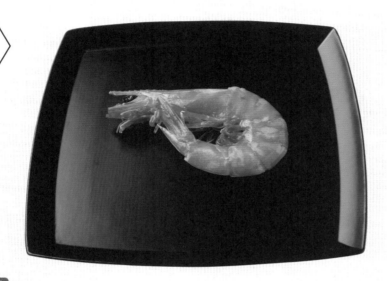

재료(만들기 편한 양)

머리 있는 보리새우 중간 사이
즈 4~5마리
생강 15g
물엿 ½큰술

국물
　술 ½컵
　미림 ½컵
　설탕 50g
　국간장 2작은술

요리 팁

오세치 요리는 대개 달짝지근한 편이다. 보관 기간을 늘리기 위해서라고는 하지만 금방 물리는 것도 사실이다. 여기서는 생강을 더함으로써 향에 변화를 주어 전체적으로 맛의 균형을 잡았다.

1 새우는 내장을 꼬치로 빼고 가위로 수염을 3~4㎝ 남기고 자른 후 입 부분도 잘라낸다. 생강은 얇게 썬다.

2 새우를 끓는 물에 데친 후 냉수에 담가서 찌꺼기를 씻어낸다.

3 냄비에 국물 재료를 넣어 중불로 끓이고 거품이 올라올 정도가 되면 생강과 새우를 넣는다. 새우에서 나오는 수분 때문에 국물이 살짝 부드러워진다.

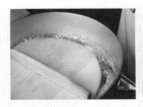

4 바로 작은 뚜껑을 덮어 국물이 새우에 구석구석 배도록 한다. 다리가 잘 떨어지니 젓가락으로 휘젓지 않는다.

5 국물이 바짝 졸아 엿처럼 점성이 생기면 물엿을 넣는다. 냄비를 흔들어 새우와 섞고 윤기가 나면 불을 끈다.

6 넓적한 통에 펼쳐서 식혀 불을 껐을 때 남은 열이 새우에 들어가지 않도록 한다.

육수를 쓰지 않는 깔끔한 단짠의 조화

다랑어 다시마 말이

'기쁜 마음(喜)'과 통하는 것이 다시마 말이다. 다시마를 그대로 먹는 요리기 때문에 부드럽게 조릴 수 있는 '쌈다시마'를 사용한다. 다랑어는 회로는 잘 먹지 않는 붉은 살 심줄이 많은 부분을 사용한다. 심줄 부분을 가열하면 콜라겐이 되어 부드럽게 조려지기 때문이다. 붉은 살을 써도 좋다.

모든양
441kcal
염분 6.0g

재료(만들기 편한 양)

다랑어 심줄이 많은 부위
1덩어리
쌈다시마(다랑어와 같은 길이) 4장
박고지 2m
타마리 간장 1큰술
물엿 2큰술
소금 한 꼬집

국물
　물 2컵
　술 1컵
　설탕 40g
　간장·미림 각 1큰술

※대용 → 다랑어 대신 살이 부드러운 연어나 방어, 가다랑어 등

요리 팁

술은 풍미와 맛을 더해주지만, 이 요리에서는 술이 물보다 빨리 끓어 바로 증발한다는 성질을 이용했다. 국물은 다시마를 덮을 정도로 많이 필요한데, 다 끓였을 때는 국물이 없어져야 한다. 그럴 때 '버리는 물'로 술을 사용한다. 다시마의 줄기를 가로로 해서 말면 썰었을 때 억센 줄기가 끊어져 먹기 편해진다.

1 박고지는 소금 한 꼬집을 뿌리고 물을 약간 더해서 비빈다. 물로 잘 씻은 후 물기를 짠다.

2 다랑어는 덩어리를 세로로 반을 자르고 끓는 물에 데친 후 냉수에 담근 후 건져 물기를 닦는다

3 다시마는 물에 2~3분 담가 부드럽게 해서 물기를 닦고 다랑어보다 약간 길게 자른다. 다시마를 가로 방향으로 놓고 2장이 살짝 겹치게 펼친 다음 다랑어를 올리고 말아서 박고지로 대여섯 군데 묶는다.

4 냄비에 국물 재료를 넣고 3을 넣은 다음 작은 뚜껑을 닫고 중불로 가열한다.

5 20분 정도 끓여 국물에서 큰 거품이 나기 시작하면 뚜껑을 빼고 타마리 간장을 넣는다. 국물을 두르고 바짝 조린다.

6 또 거품이 생기기 시작하면 물엿을 넣고 냄비를 흔들면서 국물을 입힌다. 국물이 졸고 윤기가 흐르기 시작하면 불을 끈다. 그대로 냄비에서 식힌다.

없으면 섭섭한 생선 구이는 된장 구이로

금눈돔 된장 구이

축복의 빛깔을 띤 금눈돔을 된장 구이로 굽는다. 생선 된장 구이는 오래 보관할 수 있고 자칫 단 음식이 많아지기 쉬운 오세치 요리에서는 깔끔한 맛을 낸다. 남녀노소 누구나 좋아하는 요리다. 생선에 맛이 배어들기까지 시간이 걸리기 때문에 굽는 날부터 거꾸로 계산하여 절여야 한다.

재료(만들기 편한 양)

금눈돔(작은것) 4토막
소금 2작은술

절임 된장
　사이쿄 된장 200g
　술 1½큰술
　미림 2작은술

※대용 → 금눈돔 대신 방어나 삼치, 연어 등

모든양
377kcal
염분 3.2g

요리 팁

취향에 따라 신슈 된장 등 시골 된장을 사용하면 맛도 달라진다. 신슈 된장은 사이쿄 된장보다 염분이 강하기 때문에 미림을 술보다 많이 넣어 단 맛을 강하게 하면 균형이 잘 맞는다.

1 금눈돔의 양면에 소금을 뿌리고 20~30분간 둔다. 수분이나 비린내가 빠지고 절임 된장의 맛이 보존된다.

2 절임 된장 재료를 섞어서 넓은 스테인리스 통에 절반 정도 깐다. 금눈돔의 물기를 닦고 거즈에 끼워 올리고 위에도 나머지 절임 된장을 바른다. 이틀간 절인다. 사진은 절인 후 첫 날의 상태다. 생선에 투명한 느낌이 생겼다.

3 그릴 구이망에 식용유(재료표 외)를 바르고 불에 올려 미리 달구어둔다. 구이망에 금눈돔을 올리고 양면을 굽는다(→30쪽).

된장에는 며칠 동안 절일까?

술의 양과 거즈의 두께로 얼마나 절일지 조절할 수 있다. 된장은 수분과 함께 생선에 배어들기 때문에 술을 많이 넣은 부드러운 절임 된장을 쓰면 빨리 절일 수 있고, 술을 적게 넣은 단단한 절임 된장을 쓰면 시간이 걸린다. 또한 거즈가 얇으면 빠르게, 거즈가 두꺼우면 느리게 절여진다. 즉, 아주 빨리 절이고 싶다면 거즈 한 겹에 부드러운 절임 된장, 천천히 절이고 싶다면 거즈 두 겹에 단단한 절임 된장을 쓰면 된다.

조금 더 시간을 들여 다양하게

된장에 절인 생선은 '맛의 길'이 깔려 있기 때문에 응용도 간편하다. 거품을 낸 달걀흰자와 큼직하게 썬 미나리를 섞어 생선 위에 올리고 구우면 아주 색다르다. 가늘게 썬 다시마를 생선에 올려 굽는 '오키나 구이'도 좋다.

°오세치 요리가 준비되었다면 찬합에 채우자

오세치 단품 요리가 모두 준비되어 완전히 식으면 찬합에 담는다. 1년에 한 번 먹는 오세치는 새해를 축복하는 요리다. 담는 방법에 따라 느낌이 달라지기 때문에 겉모습도 매우 중요하다. 단정하게 마음을 담아 아름답게 담도록 하자.

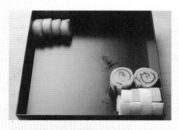

사각의 대각선 모서리부터 채운다

1 사각의 대각선 모서리부터 모양이 확실한 요리를 채운다. 왼쪽 위에 토란 조림, 오른쪽 아래에 홍백 가마보코(→253쪽)와 다테마키를 채운다.

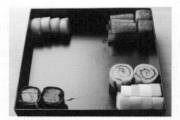

2 오른쪽 위에는 곤약 지쿠젠니와 통 우엉을 겹쳐서 넣는다. 왼쪽 아래에 놓은 다시마 말이는 찬합 높이에 맞춰 잘라서 넣는다.

같은 모양, 맛, 빛깔이 옆에 오지 않도록 하며 바깥쪽에서 안쪽으로 채워 나간다

3 네 모서리가 정해졌으면 바깥쪽에서 안쪽으로 채워 나간다. 먼저 위의 가장자리에 따라 연근 지쿠젠니와 죽순, 표고버섯을 채우고 잎난초를 칸막이로 넣는다.

4 앞쪽에 금눈돔 된장 구이를 겹쳐서 넣는다. 생선과 다시마 말이 사이에 국물이 흘러내리지 않도록 각각 칸막이를 놓고 우엉 조림을 가지런히 넣는다. 곤약 앞에는 윤기나는 새우 조림을 가지런히 넣는다.

국물이 있는 요리는 그릇에 담아 화사하게 가다듬는다

5 국물이 나오는 생채는 종지 그릇에 담아서 놓는다. 유자 속을 파내고 채워도 좋다. 새우가 화사하게 보이도록 종지 그릇에 기대어 세운다. 구리킨톤을 가지런히 놓는다.

6 구리킨톤은 붙기 쉬우므로 칸막이를 넣고 앞쪽에 검은콩을 종지 그릇에 담아 놓는다.

7 형태가 불분명한 다즈쿠리를 검은콩 뒤에 있는 틈에 채운다.

8 조금씩 가다듬은 다음 마지막으로 물기를 제거한 청어알을 장식용으로 대범하게 올린다. 데친 꼬투리 완두콩을 곁들이고 매화 당근 지쿠젠니를 군데군데 놓는다. 남천 잎으로 장식한다.

담을 때의 비결

❶ 국물이 있는 생채, 자잘한 검은콩 등은 종지처럼 작은 그릇에 담는다.
❷ 다시마 말이, 달걀말이 등 길게 만든 요리는 찬합 높이에 맞게 썬다.
❸ 찬합 안에 사각형 칸을 만들 듯이 요리를 채워 나간다.
❹ 칸막이로는 조릿대 잎이나 잎난초 등 자연의 재료를 잘 활용하면 맛이 섞이지 않는다. 옆에 놓이는 요리의 색깔 배합도 생각한다.
❺ 남천이나 솔잎 등 상록수의 잎을 마지막에 곁들이면 싱싱하고 단정해 보인다.

°장식을 넣어 정월의 축복을 연출

◉ 고삐 모양 가마보코

1 분홍 가마보코를 가로 1cm 폭으로 썬다. 분홍 부분을 한쪽만 붙인 채 분리한다.

2 분홍 부분 중앙에 세로로 칼집을 낸다.

3 분리된 쪽을 칼집 낸 곳에 넣어 잡아당기면 고삐가 된다.

◉ 둥근 바둑판 모양 가마보코

1 하얀 가마보코를 세로로 길게 놓고 중앙 부분을 반으로 자른다.

2 이어서 가로 1cm 폭으로 썬다. 분홍 가마보코도 똑같이 자른다.

3 하얀 가마보코와 분홍 가마보코를 교대로 섞어 바둑판 모양으로 만든다.

◉ 바둑판 모양 가마보코

1 분홍 가마보코를 세로로 길게 놓고 양쪽 끝을 잘라낸다. 가늘고 길어진 분홍 가마보코의 중앙 부분을 다시 반으로 자른다.

2 하얀 가마보코도 똑같이 자르고 중앙 부분 ½개를 분홍 가마보코와 짝을 지어 가로 1cm 폭으로 썬다.

3 홍백이 교대로 들어가도록 놓아 바둑판 모양으로 다듬는다.

◉ 매화 당근

1 당근 껍질을 벗기고 1cm 두께로 동그랗게 잘라 매화 모양 틀로 찍는다.

2 각 꽃잎 사이에서 중심까지 일자로 칼집을 살짝 낸다.

3 칼집에서 다음 칼집까지 모난 부분을 둥글게 깎는다.

4 다음 칼집까지 오면 칼날을 세워 아까 냈던 칼집을 향해 비스듬히 깎는다.

매화꽃 외에도 대나무, 소나무, 학, 거북 등 경사를 나타내는 모양의 틀을 써도 좋다.

기본 조리 도구

요리를 할 때 꼭 준비해 둬야 할 가정용 도구를 소개하겠다. 분량을 재거나 자르거나 가열하는 도구들이다. 이 책에도 가끔 나오는 기본 도구다.

계량컵
물이나 육수처럼 액체나 밀가루 등의 용량을 재는 도구. 1컵 200㎖가 기본이다. 그 밖에도 500㎖나 1ℓ짜리도 있다.

계량스푼
양이 적은 재료, 주로 소금이나 설탕, 간장 등 조미료 등을 잴 때 쓴다. 5㎖를 작은술, 15㎖를 큰술이라고 한다.

저울
재료의 무게를 재는 데 꼭 필요한 도구다. 1g부터 잴 수 있는 디지털 저울이 편리하다.

칼
재료를 자르기 위한 도구로 조리 도구의 기본이다. 크게 나누면 일식 칼과 양식 칼이 있는데, 재질은 주로 강철과 스테인리스가 있다.

도마
칼로 썰 때 재료를 놓는 판. 주로 목제와 플라스틱제가 있으며 지금은 항균성이 있는 플라스틱제가 대세다. 사용 전에는 물에 적시고 사용 후에는 세제로 잘 씻어서 잘 말린다. 목제는 끓는 물로 소독하고 가끔 햇빛에 말려 소독하면 좋다.

믹싱볼
반구형으로 재료를 섞거나 거품을 낼 때 사용한다. 스테인리스제와 내열 유리제가 사용하기 편하다. 스테인리스제는 열전도가 좋기 때문에 안에 넣은 재료를 중탕하거나 얼음에 담가 식힐 때 적합하다. 그리고 충격에도 강하다. 내열 유리제는 전자레인지에도 돌릴 수 있고 거품기 등 금속 도구를 사용해도 재료가 변질되지 않는다.

넓적한 판
금속으로 만든 네모난 용기로 밑준비시 재료를 놓을 때 편리하다. 또한 가루를 묻히거나 소스, 또는 절임 된장에 절일 때 작업하기 편하다.

솔
가루나 푼 계란을 재료에 얇게 펴 바를 때 사용한다. 사용 후에는 세제로 깨끗이 씻어 잘 말린다.

절구와 공이
절구는 도자기로 만들어져 있으며 안쪽에 미세한 홈이 파여 있다. 여기에 깨나 산초나무 어린잎 등 재료를 넣어 공이로 쳐서 재료를 빻는다.

냄비

삶거나 끓이는 등 가열할 때 사용한다. 사이즈가 다양하니 만드는 양에 따라 맞춰 써야 한다. 손잡이가 하나 달린 냄비와 양쪽에 달린 냄비가 있다.

프라이팬

재료를 굽거나 볶을 때 쓰는 도구. 재료가 잘 들러붙지 않는 코팅 팬이 편리하다.

달걀말이용 팬

사각형 모양에 손잡이가 하나 달려 있다. 달걀말이를 깔끔하게 구울 수 있다. 간토와 간사이에 따라 모양이 약간 다르다. 동으로 만들어진 것이 열을 잘 흡수하기 때문에 추천한다.

작은 뚜껑

냄비보다 한 단계 작은 뚜껑으로 조림을 만들 때 재료 위에 올린다. 작은 뚜껑을 사용하면 국물이 적어도 전체적으로 골고루 맛이 밴다.

국자

국물 요리나 조림 등을 뜰 때 사용한다.

체망 국자

건지는 부분이 체망으로 되어 있어 튀김이나 튀김 부스러기를 건질 때 사용한다. 생선을 끓는 물에 데칠 때도 체망 국자에 놓고 하면 편리하다.

주걱

밥 등을 풀 때 쓰는 도구다. 손잡이가 긴 것은 가열하면서 재료를 섞거나, 반죽할 때 쓴다.

소쿠리

대나무나 금속 등으로 되어 있어 공기가 잘 통한다. 가열한 재료를 가지런히 놓고 말리거나, 삶은 재료를 건져 같이 걸러 물기를 뺄 때도 사용한다.

체

삶은 고구마나 밤 등을 걸러 곱게 만들거나 액체를 부드럽게 만들 때 사용한다. 가능하면 말털로 짜인 것을 추천한다.

김발

김밥이나 데친 시금치, 달걀말이를 말아 모양을 잡을 때 사용한다. 대나무로 만들어졌기 때문에 사용한 다음에는 반드시 씻어서 잘 말려야 한다.

굳힘틀

달걀 두부나 물양갱 등 부드러운 반죽을 쪄서 굳히거나 식혀서 굳힐 때 사용한다. 이중으로 되어 있어 안쪽을 들어 올리면 굳은 재료가 깔끔하게 빠진다.

강판

무나 와사비, 생강, 생마 등을 갈 때 사용한다. 금속제, 플라스틱제, 도자기제가 있다. 고명용으로 쓸 작은 강판이 있으면 편리하다.

긴 나무젓가락

끝이 뾰족하고 길다. 세세한 부분까지 아름답게 담을 수 있다.

칼 다루는 법

칼은 사용하면서 칼날이 깨지거나 잘 썰리지 않게 되기 때문에 잘 갈아서 손질할 필요가 있다. 칼이 잘 들면 재료가 잘 잘려 재료의 맛이 좋아질 뿐 아니라 겉보기에도 아름답다.

칼 부위 명칭

요리 레시피에는 '칼등으로 누르고', '칼끝(칼코)으로 칼집을 내고' 등 칼의 부위가 자주 나온다. 레시피를 정확하게 읽기 위해서도 명칭을 잘 알아두자. 여기서는 가정 요리에서 자주 쓰는 부위에 대해 소개하겠다.

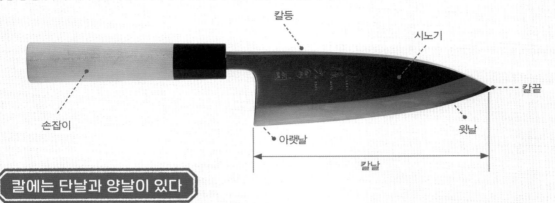

칼에는 단날과 양날이 있다

일본식 칼은 날이 한 쪽에만 붙은 '단날', 서양식 칼은 날이 양쪽에 붙은 '양날'이 기본이다. 또한 재질도 일본식 칼은 강철, 서양식 칼은 스테인리스로 차이가 있다. 단날의 장점은 각도를 자유자재로 바꿀 수 있다는 점이다. 참고로 회는 단면을 아름답게 보이기 위해 칼날이 닿은 쪽을 겉으로 보이게 하여 담는다. 양날은 재료의 양면을 모두 자를 수 있다.

강철은 날카롭고 갈아주면서 계속 관리할 수 있지만, 녹이 슬기 쉽기 때문에 손질이 필요하다. 씻은 다음에 잘 닦아내 완전히 말려야 한다. 한편 스테인리스는 녹이 잘 슬지 않고 다루기가 편하지만 점점 무뎌진다.

단날 칼(식칼)의 뒷면. 칼날이 없기 때문에 볼록한 부분(시노기)도 없어 평평하다.

손잡이 쪽에서 칼의 단면을 보면 단날 칼은 오른쪽 면이 일직선이고 날이 달려 있는 왼쪽 면은 두께가 있으며 끝이 뾰족하다.

숫돌에 대해

거친 숫돌, 중숫돌, 완성 숫돌로 세 종류가 있는데, 가정에서는 중숫돌만 써도 상관없다. 옛날에 쓰던 숫돌은 사용하기 전에 물에 담가두었는데, 지금 나오는 것들은 쓰기 직전에 물로 살짝 적시기만 해도 바로 쓸 수 있게 되어 있다. 갈 때는 아래에 젖은 행주를 깔아 숫돌이 움직이지 않게 하자.

가정에서 갖춰 둬야 할 칼 세 종류

① 얇은 칼(단날)
날이 얇아서 채소를 다지거나 껍질을 벗길 때 좋기 때문에 '채소용 칼'이라고도 한다. 날의 각도는 칼날 전체가 거의 같다.

② 식칼(단날)
날이 두꺼워 생선 3장 뜨기나 딱딱한 뼈를 썰거나 다질 때도 편리하다. 크기는 다양하다. 부분에 따라 날의 각도가 다르기 때문에 조심해서 갈아야 한다.

③ 만능칼(양날)
'산토쿠(三德) 칼'이라고도 한다. 칼날의 길이가 적당하고 날도 너무 두껍지 않으며 칼끝도 뾰족해서 채소든 고기든 편리하게 쓸 수 있다.

기본 칼 갈기

어느 칼이든 칼 갈기의 기본은 같아서 숫돌 위에 칼을 놓고 왼쪽 앞쪽에서 오른쪽 먼 쪽으로 움직인다. 그러나 칼의 두께나 모양, 각도에 따라 조금씩 다르기 때문에 다음을 잘 확인하도록 하자.

⊙ 얇은 칼 갈기

1 기본자세는 오른손으로 손잡이를 잡고 날이 달린 쪽을 아래로 놓는다. 칼을 눕혀 날의 각도에 맞춰 숫돌에 댄다. 각도를 유지하면서 갈 부분을 날 위쪽에서 왼손가락으로 가볍게 누른다. 힘이 들어가지 않도록 조심하자.

2 먼저 칼끝부터 간다. 칼끝은 예리하기 때문에 칼을 약간 세운다. 사진 1의 화살표 방향으로 커브를 그리듯 그대로 바깥쪽으로 부드럽게 움직인다.

3 다시 커브를 그리며 숫돌의 오른쪽 방향으로 움직인다. 이 작업을 여러 번 반복하는데, 손가락으로 누르는 위치를 손잡이 쪽으로 움직이면서 칼날 전체를 간다. 이때 아랫날 쪽으로 갈수록 칼의 각도가 둔각이 되기 때문에 칼을 더 눕힌다.

※반대 쪽은 식칼의 경우 날이 달려 있지 않기 때문에 각도는 주지 않고 눕혀서 커브를 그리며 가볍게 간다. 양날 칼은 반대 쪽도 기본대로 똑같이 간다.

칼 갈기 초보자에게 주는 팁

⊙ 식칼을 갈 때 주의할 점

숫돌에 대는 날의 각도를 유지하면서 갈려면 익숙해져야 한다. 따라서 각도를 정했다면 칼 밑에 적당한 높이의 동전 등을 깔아 보자(왼쪽 사진). 이렇게 해서 갈면 안심할 수 있다. 양날 칼은 반대 쪽을 갈 때도 똑같이 동전을 놓는다(오른쪽 사진).

식칼을 갈 때 주의할 점

1 칼끝은 둥글고 각도가 확실하기 때문에 얇은 칼보다 더 가볍게 세워 숫돌에 대고 왼손가락으로 위에서 가볍게 누른다.

2 칼끝의 둥근 커브에 맞춰 갈아야 한다. 사진 1의 화살표 방향으로 커브를 그리듯 칼을 천천히 눕히면서 부드럽게 움직인다.

3 다음으로 아랫날에 가까운 부분을 손가락으로 가볍게 누른다.

사진처럼 1~3을 반복하면서 날 전체를 간다. 반대 쪽은 날이 붙어 있지 않기 때문에 각도는 거의 주지 않고 눕혀서 커브를 그리며 가볍게 간다.

제철 재료가 한눈에 보이는 달력

채소나 생선 등이 가장 한창인 계절을 '제철'이라고 한다. 제철 재료는 맛이나 영양가가 뛰어나고 가격도 저렴하다. 또 인체 리듬에 맞는 재료들이기 때문에 꼭 적극적으로 활용해야 한다. 최근에는 비닐하우스 재배나 유통, 냉동·냉장 기술 발달로 1년 내내 구할 수 있는 재료가 많아져 제철 느낌이 점점 약해지고 있다. 그러나 제철 재료 없이는 풍성한 식탁을 차릴 수 없다. 지역에 따라 제철은 조금씩 다르지만 도쿄 시장에서 들여오는 시기를 기준으로 정리해봤다.

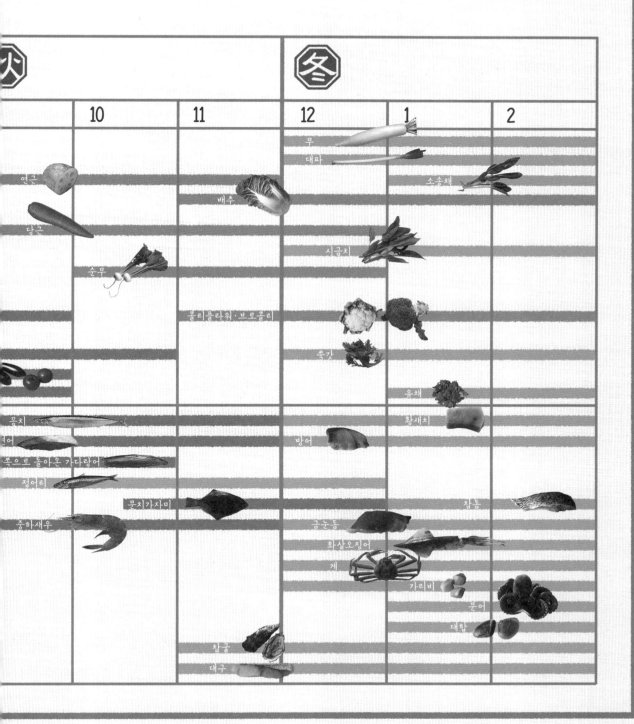

레시피에 나오는 용어 해설

'이거 무슨 뜻이더라?' 요리 레시피를 보고 그렇게 생각한 적도 있을 것이다. 특별한 요리 용어도 많이 등장하기 때문에 여기서는 이 책의 주요 용어를 간결하게 설명하겠다. 레시피를 더 잘 이해해서 제대로 만들어보자.

⊙ 조미료

▶간장
콩을 발효, 숙성시켜 만든 액체 조미료. 발효하여 생긴 아미노산 맛이 강하다. 요리에 쓰는 것은 주로 진간장과 국간장 두 종류다. 일반적으로는 진간장을 간장이라고 부른다. 염분이 15% 전후로 색과 향이 강한 것이 특징이다. 국간장은 염분이 16% 전후로 진간장보다 더 짜다. 색이 옅고 향도 깔끔하기 때문에 맑은 국에 향을 더하거나 재료 본연의 맛을 살릴 때 쓴다.

▶미림
찹쌀과 쌀누룩을 소주와 섞어 양조한 단 술이다. 알코올 성분이 14% 전후로 맛의 성분을 많이 포함하고 있으며 깔끔한 단 맛을 내는 조미료다. '본미림'이라고도 불린다. 슈퍼 등에는 「미림풍 조미료」도 팔기 때문에 헷갈리지 않도록 해야 한다. 이는 알코올 1% 미만으로 물엿이나 식염 등을 더해 만든 합성 조미료다.

▶미소 된장
콩이나 쌀, 보리 등을 쪄서 식염이나 물을 섞어 발효, 숙성시킨 것으로, 발효 식품이기 때문에 맛이 강하다. 쌀된장에는 담황색에 맛이 진한 신슈 된장, 크림색에 맛이 연한 백된장, 적갈색에 맛이 진한 센다이 된장 등이 있다. 보리된장은 주로 규슈에서 만든다. 콩된장에는 적된장의 대표인 핫초 된장이 있다. 쌀된장은 시간을 확실히 들여 발효시킨 알된장을 써야 한다.

▶설탕
단 맛을 내는 대표적인 조미료. 기본은 '쌍백당'이다. 이 책 레시피에 나오는 설탕은 모두 이 쌍백당을 사용한다.

▶소금
간을 하거나 소금물에 데치거나 삼투압을 이용하여 재료의 수분을 빼는 등 부엌에 빠질 수 없는 기본 조미료다. 염화나트륨 99% 이상의 정제 소금, 해수를 원료로 한 바다 소금(해염), 지층에 갇힌 바위 소금(암염) 등이 있다.

▶술
일식에서는 일반적으로 쌀, 쌀누룩, 물을 원료로 한 양조술(일본 술)을 말한다. 요리술은 조미료 등이 첨가되어 있는 경우가 많기 때문에 청주를 써야 한다. 고급이 아니어도 마셨을 때 맛있는 술을 고르면 된다. 가열하면 알코올 성분이 날아가 맛만 남는다.

▶식초
요리에 신 맛을 더하는 액체 조미료. 방부 작용, 단백질 응고 작용 등도 있다. 쌀이나 보리, 잡곡 등 곡물, 사과나 포도 등 과실이 주요 원료로 원료에 따라 맛이 다르다. 이들을 발효, 양조하여 만든 것을 양조 식초라 부른다.

⊙ 식재료

▶겨자
겨자 씨를 탈지하여 분말로 만든 것으로 일본식 겨자와 서양식 겨자가 있다. 서양식 겨자는 머스터드라고 하는 검은 겨자와 흰 겨자가 있다. 이 책에서 겨자는 일본식 겨자다. 미지근한 물에 녹여 사용하는 겨잣가루나 슈퍼에서 파는 튜브도 일본식 겨자며 상큼한 향과 매운 맛이 특징이다. 겨자 무침이나 고기 요리, 어묵에 자주 곁들인다.

▶도묘지 가루
찹쌀을 물에 담근 다음 쪄서 건조시켜 거칠게 간 가루다. 제과 재료로 쪄서 간사이풍 사쿠라모치나 쓰바키모치(사쿠라모치랑 비슷한데 잎을 동백잎으로 싼 것) 등에 사용하며, 그 밖에도 요리에서는 튀김옷 등에 사용한다.

▶말차
어린 찻잎을 쪄서 건조하여 맷돌로 갈아낸 분말. 특히 부드러운 잎을 사용한 진녹색의 농차(濃茶-진한 차)와 선명한 청록색의 박차(薄茶-연한 차)가 있다. 근래 들어서는 차뿐 아니라 제과 재료로도 널리 쓴다.

▶멥쌀
일반 흰 쌀밥을 만들 때 쓰는 쌀이다. 품종으로는 고시히카리, 사사니시키, 아키타코마치 등이 유명하다. 전분을 형성하는 두 가지 성분의 비율은 아밀로오스 1 : 아밀로펙틴 4다. 이 비율의 차이가 찹쌀과의 차이를 만들어낸다.

▶물엿
전분을 분해, 당화하여 만든 단 맛이 나는 걸쭉한 액체. 설탕과는 달리 단 맛이 깔끔하여 쓰쿠다니(조림의 일종)나 조림, 팥소 등을 마무리할 때 더해서 섞으면 윤기가 흐른다. 보수성도 있고 잘 마르지 않도록 하기 때문에 보존성을 높인다.

▶박력분
밀가루 종류 중 하나로 연질밀을 빻은 것이다. 단백질이 적기 때문에 점성의 원료인 글루틴이 적다. 케이크나 쿠키, 튀김옷 등에 사용한다. 밀가루에는 우동 등에 사용하는 중력분, 빵이나 피자 등에 사용하는 강력분도 있다.

▶버터
유지방을 반죽하여 만든 것. 향이 좋고 맛도 있기 때문에 요리를 마무리할 때 더해서 풍미를 입히거나 소테에 깊은 맛을 내기 위해 쓴다.

▶빵가루
빵을 가루로 만든 것. 시판품도 있지만 가능하면 하루 이틀 지난 빵을 갈아서 건조시켜 집에서 만들어서 쓰자.

▶산초나무 어린잎
산초의 어린잎을 말한다. 봄의 대표적인 향 채소로서 맑은 국이나 조림 등에 곁들이거나 다져서 구이 소스에 넣거나 미소 된장과 섞어서 산적이나 무침 등에 사용한다.

▶식용유

드레싱이나 마요네즈 등 생식에 어울리도록 만들어진 기름. 특징이 없기 때문에 튀기거나 굽거나 볶는 요리에 어디든 쓰기 쉽다.

▶쌀가루

멥쌀로 만든 가루로 떡과자의 재료다. 물과 함께 반죽하여 찌고 떡 상태로 만들어 가시와모치나 경단 등을 만든다.

▶와사비

일본을 대표하는 향신료로 뿌리를 갈아서 쓴다. 상큼한 향이 특징이다. 회에는 빠질 수 없는 재료다.

▶전분

원래 전분은 백합과인 얼레지의 비늘줄기에 있는 전분을 정제한 것이다. 새하얗고 광택이 있다. 그러나 시중에 파는 전분은 거의 감자 전분이다. 물에 녹여서 넣어 걸쭉한 느낌을 내거나 떡 표면에 묻혀서 잘 붙지 않게 할 때 사용한다.

▶젤라틴

액체에 녹여 식히면 굳기 때문에 젤리나 바바루아 등에 사용한다. 한천에 비해 굳는 온도가 낮아서(10℃) 상온에서 녹는다. 원료는 동물의 가죽이나 뼈 등에 포함되어 있는 단백질이다. 젤라틴 판, 젤라틴 가루가 있으며 모두 물에 잘 불려서 사용한다.

▶참기름

참깨의 씨앗을 압착하여 짜낸 기름. 볶은 참깨를 쓰면 갈색에 고소한 향이 난다. 볶지 않고 압착한 황금색 참기름은 '태백 참기름'이라고 부른다.

▶찹쌀

떡이나 찰밥에 사용한다. 아밀로오즈가 함유되어 있지 않고 아밀로펙틴 있다는 점에서 멥쌀과 다르다. 그 때문에 색이 불투명하게 하얗고 호화 온도도 85℃로 낮다.

▶찹쌀가루

찹쌀로 만든 가루. 간자라시 가루라고도 한다. 물과 함께 반죽하여 삶으면 곱고 부드러운 떡이 된다. 찹쌀과 마찬가지로 호화 온도가 85℃로 낮다.

▶칡가루

콩과인 칡뿌리에서 나오는 전분. 칡을 100% 사용한 것을 '생칡 가루'라고 하며 부드러운 촉감과 은은한 향이 절묘하다. 감자 전분이 섞인 상품도 있으니 상품 표시를 보고 생칡 가루를 고르자. 물을 넣고 가열하면 부드럽게 걸쭉해진다. 식혀서 구즈키리를 만드는 것 외에도 팥소를 감싸 칡 벚꽃을 만들거나 끓는 물에 녹여 구즈유(칡탕. 칡가루를 녹여서 만든 음료)를 만든다.

▶콩가루

콩을 볶은 다음 갈아서 분말로 만든 것. 떡이나 와라비모치(고사리로 만든 떡, 우리나라 인절미와 비슷), 우구이스모치 등에 묻히는 등 제과 재료로 사용한다.

▶팥

팥소의 재료가 될 뿐 아니라 알갱이가 있는 팥죽, 아마낫토(건조하여 과자로 만든 제품), 찰밥 등에 쓰는 콩이다. 빛깔이 좋고 알갱이가 고른 팥을 골라야 한다. 품종으로는 알갱이가 큰 다이나곤(大納言)

이 유명하다.

▶팥가루

팥을 삶아서 껍질을 벗기고 건조하여 분말로 만든 것. 물, 설탕을 더해서 반죽하면 곱게 으깬 팥소를 만들 수 있는 편리한 제과 재료다.

▶한천

액체에 녹여 식히면 굳어지기 때문에 물양갱이나 음식을 굳힐 때, 또는 젤리에 사용한다. 50℃ 전후에서 굳기 때문에 상온에서도 녹지 않는 것이 특징이다. 해조인 우뭇가사리나 석묵 등에서 나온 점질물을 굳혀 동결 건조한 것이다. 한천 봉과 한천 가루가 있으며 둘 다 물에 불린 다음 끓이는데, 한천 봉은 반드시 체로 찌꺼기나 해조를 걸러야 한다. 저칼로리에 식물섬유가 풍부하다.

▶흑설탕

사탕수수를 짠 즙을 가열 농축한 것. 정제하지 않았기 때문에 칼슘이나 철분 등 미네랄이 풍부하다. 흑당이라고도 부른다. 특유의 풍미와 깊은 맛이 있어 카린토(맛동산처럼 생긴 일본의 과자, 다양한 시럽을 묻혀 먹는다)나 양갱, 흑당 시럽 등에 사용한다.

⊙ 조리 용어

▶3장 뜨기

생선을 뜨는 방법 중 하나. 머리와 내장을 제거하고 배 쪽에서 뼈를 따라 칼을 넣어 한 쪽 살을 발라낸다. 다른 한 쪽도 발라내어 살 2장과 뼈 1장, 총 3장으로 뜨는 방법이다.

▶가득 담은 물

재료를 냄비에 넣고 물을 추가할 때 재료가 완전히 잠기는 물의 양.

▶간 맞추기

마무리할 때 간을 보고 부족한 것을 보충하여 적당하게 조절하는 것. 소금, 후추, 간장 등을 약간 더해서 조절한다.

▶간장 씻기

적은 양의 간장을 재료에 입히고 불필요한 수분을 제거하면서 가볍게 밑간을 하는 것. 무침 재료를 손질할 때 자주 이 방법을 쓴다.

▶감칠맛 첨가(오이가쓰오)

육수나 조림을 마무리할 때 다시 가다랑어포를 넣어 맛이나 풍미를 더하는 것. 육수나 토사초처럼 나중에 거를 때는 직접 넣지만, 조림처럼 꺼내야 할 때는 거즈로 싸서 올리면 된다.

▶걸쭉하게 하다

걸쭉한 상태로 만드는 것. 전분을 물에 풀어 조림 국물에 더하는 경우가 많다.

▶고명

요리의 맛을 살리기 위해 곁들이는 향채소나 향신료. 회에 곁들이는 와사비, 메밀국수에 곁들이는 파, 전골요리의 무, 장어에 뿌리는 산초가루 등.

▶구멍이 나다

차완무시나 달걀 두부 등의 달걀 요리, 두부 요리 등을 너무 가열해서 표면에 작은 구멍이 생기는 것.

▶구운 자국 내기

재료의 표면을 구워서 바싹 익혀 노릇한 자국을 내는 것. 주로 고기나 생선에 사용한다.

▶굳히기

한천이나 젤라틴, 칡가루 등으로 간을 한 채소나 새우 등을 굳히는 것. 틀에 넣어 식혀서 굳히거나 한데 뭉친다.

▶그대로 튀기기

재료에 튀김옷이나 가루 등을 묻히지 않고 그대로 기름에 튀기는 것. 재료의 색과 모양을 살릴 수 있다.

▶기름 떼기

튀김이나 프라이, 닭튀김 등 튀기는 요리에서 재료를 기름에서 건져 올릴 때 재료에 붙어 있는 불필요한 기름을 떨어뜨리는 것. 체망이나 키친타월 위에 올리는 경우가 많으며 바삭하고 가벼워진다.

▶기름 제거

유부나 두부 어묵(아쓰아게), 일반 어묵(사쓰마아게) 등 기름으로 튀긴 가공품에 뜨거운 물을 끼얹거나 살짝 데쳐 표면의 기름을 제거하는 작업. 기름 냄새를 없애고 맛이 잘 배어들게 한다.

▶껍질 면

생선이나 닭고기의 껍질이 붙은 부분을 말한다. '껍질 면부터 굽는다'란 껍질이 붙은 쪽부터 먼저 굽는다는 뜻.

▶끓는 물에 담갔다 빼기

끓어오르는 물에 재료를 넣고 살짝 데친 다음 바로 건져 올리는 것. 뜨거운 물에 휘둘러 넣는다고도 한다. 체를 사용하면 한 번에 건져 올릴 수 있어서 편리하다.

▶끓는 물에 데치기

끓어오른 물에 재료를 넣고 바로 건지는 것. '끓는 물에 슥 담근다(쿠구라세루)'라고도 한다.

▶끓여서 날리기(니키루)

미림이나 술의 알코올 성분을 가열하여 날리는 작업. 그대로 두면 알코올이 톡 쏘기 때문에 요리의 맛을 해친다. 작은 냄비에 넣고 조리거나 전자레인지에 돌린다. 알코올을 날린 것을 알코올을 날린 미림(니키리미림), 알코올을 날린 술(니키리사케)이라고 한다.

▶난반

대파나 홍고추, 튀긴 요리에 붙이는 요리 이름. 먼 옛날 포르투갈이나 스페인, 네덜란드 등을 '난반'이라고 불렀다고 해서 난반을 경유하여 들어온 외국 요리, 또는 그런 식의 요리에 붙이는 이름이 되었다.

▶냄비 살

냄비 안쪽을 말한다. '냄비 살에서 넣는다'란 냄비 안쪽을 따라 액체 조미료나 기름 등을 둘러서 넣는다는 뜻이다. 재료에 직접 넣지 않기 때문에 부분적으로 맛이 달라지거나 하지 않는다.

▶누타

초된장이나 겨자 초된장으로 미리 익힌 재료를 무친 요리. 다랑어나 식초에 절인 전갱이, 삶은 조개, 미역, 쪽파 등으로 많이 만든다.

▶덮을 정도의 물

냄비에 재료를 평평하게 넣고 물을 넣을 때 재료 전부가 잠길 듯 말 듯한 정도의 물.

▶데치기

끓는 물에 재료를 넣고 살짝 익히는 것.

▶떫은 맛 제거(아쿠누키)

고기나 생선, 채소 등에 포함되어 있는 알싸한 맛이나 떫은 맛 등을 제거하는 작업. 재료 손질할 때는 '아쿠누키'라고 하여 우엉을 물에 담그거나 곤약을 데치기도 한다. 재료를 끓일 때 떠오른 흰 거품을 건지는 것은 '아쿠오토루'(거품 걷어내기)라고 한다.

▶뜨기/갈기(토구)

쌀을 '뜬다'란 쌀에 붙은 쌀겨나 찌꺼기를 물과 함께 씻는 작업을 말한다. 또한 무뎌진 칼을 손질할 때도 이 말을 쓴다.

▶모서리 깎기

자른 채소의 모서리를 얇게 깎아 둥글게 만드는 것. 조리는 동안 모서리와 모서리가 부딪쳐 모양이 흐트러지는 것을 막을 뿐 아니라 보기에도 좋다.

▶무침

미리 손질한 재료에 조미료나 조미한 베이스를 섞는 것. 으깬 두부 무침, 깨 무침, 호두 무침 등이 있다.

▶묻히기

가루나 고운 것을 전체에 구석구석 묻히는 것. 닭튀김을 할 때 박력분, 프라이를 할 때 빵가루 등.

▶물기 제거

재료에 붙어 있는 불필요한 수분을 제거하는 것. 물에 담근 재료를 체에 올리거나 채소를 흔들어 주변의 수분을 떨치거나 생선의 물기를 키친타월 등으로 닦아낸다.

▶물기를 짠다

데치거나 삶거나 물에 불린 건어물 등의 수분을 제거하는 것. 데친 시금치는 손으로 꼭 짜고 소금에 절인 오이는 양손으로 꼭 쥔다.

▶물에 담근다

자른 재료를 가득 담은 물에 넣는 것. 떫은 맛을 제거하거나 수분을 머금게 하여 싱싱하게 만드는 것이 목적이다.

▶물에 푼 전분가루

전분을 조림 국물에 넣어 걸쭉하게 만들 때, 그대로 두면 응어리가 생기기 때문에 미리 물에 풀어서 더한다. 물의 양은 전분과 같은 양~2배.

▶미리 데치기

조리하기 전에 밑준비로 재료를 살짝 데쳐두는 것. 떫은 맛이 없어지고 맛이 잘 배어들게 된다.

▶미조레

무나 순무를 갈아 사용한 요리에 붙이는 이름. 간 무 무침은 '미조레 무침'이라고도 한다. 그 밖에 미조레니(미조레 조림), 미조레스(미조레 초) 등이 있다.

▶밑간
재료에 미리 간을 해두는 것. 생선이나 고기에 소금이나 향신료를 뿌리거나 혼합 조미료에 한참 절여 가볍게 맛을 더하기도 한다.

▶밑뿌리
버섯 줄기 뿌리 부근에 있는 딱딱한 부분을 말한다. 딱딱해서 먹을 수 없기 때문에 칼로 잘라낸다.

▶바늘 생강
바늘처럼 아주 가늘게 썬 생강. 생강을 얇게 썰어 겹치고 끝쪽부터 아주 얇게 썰어 물에 담근다.

▶바짝 조리기(니쓰메루)
재료가 익을 때까지 조리고 국물이 거의 없어질 때까지 더 조리는 것. 조림 국물이나 소스의 수분을 증발시켜 맛을 진하게 만든다.

▶불리기
마른 표고버섯, 톳, 다카노 두부, 해조류 등 건어물, 젤라틴 등을 물을 넣어 건조하기 전으로 돌리는 것.

▶불조절
조리에 맞춰 불의 세기를 조절하는 것. 요리하는 중에 상태를 보면서 강하게 하거나 약하게 줄인다. 강불, 중불, 약불, 뭉근한 불이 있다.

▶살짝 끓이기
따뜻하게 덥힐 정도로 끓이는 것. 국물을 끓어오르게 하지 않는다.

▶살짝 데치기(유비키)
끓는 물에 살짝 넣었다 바로 냉수에 담그는 것. 주로 회처럼 날 것을 먹을 때 쓰는 방법이다. 오징어나 문어, 다랑어 등에 많이 쓴다.

▶살짝 절임(히토시오)
재료에 얇게 소금을 뿌리거나 약하게 소금 간을 하는 것. 건어물 중에 '살짝 절인 것'은 염분을 적게 하여 짠 맛이 약하다는 뜻이다.

▶삶아서 우리기
재료를 삶고 그 삶은 국물을 버리는 것. 떫은 맛이나 점성을 제거하는 밑준비 중 하나로 토란이나 콩 등에 쓴다.

▶삼배초
혼합초 중 하나. 식초, 간장, 미림을 같은 양으로 섞은 식초. 초절임 등에서 재료에 뿌려 그대로 먹기 때문에 미림은 끓여서 알코올 성분을 날려야 한다.

▶생선 손질
생선을 부위별로 나누는 밑손질을 말한다. 뜬다고도 한다. 비늘, 머리, 내장, 뼈 등을 제거하는 것을 말하며 3장 뜨기, 5장 뜨기 등이 있다.

▶서서히 조리기(니후쿠메루)
맛이 약한 국물을 많이 넣어 재료 속까지 천천히 맛이 들어가게 조리는 것. '후쿠메니'라고도 부른다.

▶소금 뿌리기
재료에 소금을 뿌리거나 요리 중에 더하는 것. 밑간을 하거나 맛을 더할 때 사용한다.

▶소금 치기(이타즈리)
주로 오이나 머위를 손질하기 위해 한다. 도마에 재료를 놓고 소금을 많이 쳐 양손으로 굴린다. 직접 손으로 소금을 문질러도 좋다.

▶소보로
다진 고기나 달걀, 새우, 생선살 등을 부슬부슬한 상태가 될 때까지 냄비에 볶거나 볶아서 조린 것.

▶속살(무키미)
바지락이나 굴 등 조개류, 새우 등의 껍질을 벗겨 살을 꺼낸 상태.

▶수분 날리기(가라이리)
빈 냄비나 프라이팬에 재료를 넣고 가열하여 수분을 날리는 것.

▶술찜
재료에 소금과 술을 뿌리고 찌는 것. 흰 살 생선이나 조개, 닭고기 등 담백한 재료를 깔끔하게 마무리할 때 사용한다. 생선은 다시마를 깐 그릇에 올리고 찜기에 찐다. 바지락 등 조개류는 냄비에 넣고 술을 뿌려 뚜껑을 닫고 찐다. 찔 때 나오는 국물도 맛있다.

▶숨은 칼
딱딱한 재료, 맛이 배어들기 힘든 재료에 넣는 칼집. 담을 때 아래에 오는 곳, 눈에 띄지 않는 곳에 넣는다. 어묵탕 무에 넣는 십자 모양이나 곤약에 넣는 자잘한 칼집 등을 말한다.

▶시모후리(서리 내리기)
생선이나 고기를 뜨거운 물에 담가 표면에만 살짝 열을 입히는 것. 단백질이 변성되어 하얗게 서리가 내리는 것처럼 된다고 해서 이 이름이 붙었다. 재료나 목적에 따라 물의 온도는 끓는 물이나 70℃ 정도 등으로 바꾼다.

▶아라
생선살을 떼어내고 남은 머리나 지느러미 부분 등을 일컫는 말. 방어나 도미 등 맛이 좋은 것은 조림 등에 사용한다.

▶알코올 날리기
술이나 미림을 가열하여 알코올을 증발시키는 작업. 그대로 먹을 때 알코올이 톡 쏘지 않기 위해 하고 조림 등을 할 때는 필요 없다. 양이 적으면 전자레인지가 편리하다. '니키루(끓여서 날리기)'라고도 한다.

▶어슷깎기
우엉을 썰 때 자주 쓰는 방법. 왼손으로 재료를 돌리면서 오른손에 쥔 칼로 끝이 뾰족하도록 비스듬히 썬다. 연필 깎는 모습이다.

▶여열
재료를 가열한 후에도 아직 남아 있는 열을 말한다. 로스트비프 등은 여열로 속까지 익히도록 한다.

▶열 식히기
가열한 재료나 요리를 손으로 만질 수 있을 정도까지 식히는 것. 그대로 자연스럽게 두거나 젖은 행주를 냄비 바닥에 대는 방법이 있다. '체온 정도로 식힌다'도 같은 의미다.

▶우시오지루
신선한 해산물을 다시마와 함께 찬물에 넣어 끓인 맑은 국. 술과 소금으로만 간을 하여 재료 본연의 맛을 그대로 살리는, 바닷물 같은 소금 맛이 나는 국이다. 도미 찌꺼기나 대합 등으로 만드는 경우가 많다.

▶으깬 살
해산물이나 닭고기 등을 절구나 푸드 프로세서로 부드럽게 간 살. 어묵 재료가 된다.

▶입가심
잠깐 입을 쉬게 하기 위한 간단한 요리. 반상 차림 중에서 메인 요리의 맛에 변화를 주거나 한숨 돌릴 때 먹는 초절임, 무침 등, 즙 가루나 팥죽에 곁들이는 소금, 다시마 등을 말한다.

▶점액 떼기
토란이나 삶은 쪽파, 해산물 등의 미끌거리는 성분을 제거하는 작업. 살짝 데쳐 물로 씻어내거나 소금으로 비비거나 재료에 따라 방법을 바꾼다.

▶제이고
전갱이가 꼬리지느러미에서 몸의 중앙으로 나 있는 가시같이 딱딱한 비늘. 전갱이를 손질할 때 처음에 이 부분을 잘라낸다.

▶조리기(니쓰케루)
적은 국물로 국물이 거의 없어질 때까지 가열하는 것. 달면서 짜고 진하다. 이처럼 조린 것을 '조림'이라고 한다.

▶조이기(시메루)
생선이나 고기의 불필요한 수분을 탈수하여 살을 조이는 것. 소금이나 설탕을 뿌려 한동안 두는 방법을 쓰는데, 식초에 절여 단백질을 변성시키는 '초 조이기(스지메)', 다시마로 감싸 탈수하면서 다시마의 풍미를 입히는 '다시마 조이기' 등이 있다.

▶중탕
냄비에 물을 끓이고 조금 더 작은 냄비나 믹싱볼에 가열할 재료를 넣고 물에 띄워 간접적으로 가열하는 방법. 타기 쉬운 버터나 바로 굳는 달걀노른자 등을 익힐 때 쓴다.

▶찜 구이
구울 때 뚜껑을 닫고 재료나 조림 국물 등에서 나온 증기로 익히는 것. 만두나 햄버그처럼 일단 굽고 나서 뚜껑을 닫는 경우도 '찜 구이'라고 한다.

▶찜 조림
냄비나 프라이팬에 재료를 넣고 물을 조금만 넣거나 재료가 가진 수분만으로 조리는 것. 냄비 안에 수증기가 제대로 돌도록 뚜껑은 꼭 닫아야 한다.

▶찬물 샤워(사시미즈)
재료를 삶을 때 중간에 더하는 찬물을 말한다. 빗쿠리미즈(깜짝 놀라는 물)라고도 한다. 면을 삶을 때 끓어 넘치는 것을 막거나 온도가 너무 올라갔을 때 급격히 떨어뜨리기 위해 넣는다.

▶찰밥(오코와)
찹쌀을 찐 밥.

▶찰싹찰싹 잠긴 물
냄비에 재료를 평평하게 넣고 물을 넣었을 때 재료의 끝이 나올까 말까 할 정도의 물의 양.

▶찻주머니로 짜다
랩이나 젖은 행주 등 부드러운 재료로 감싸고 입구를 닫아 비틀어 짜서 비튼 자국을 내는 것. 체에 걸러 간을 한 고구마나 호박, 삶은 달걀 등에 자주 사용한다.

▶체 거르기
삶은 재료를 고운 체에 놓고 거르는 작업. 또는 액체를 체에 걸러 더 부드럽게 만드는 작업이다. 감자 종류나 호박은 식으면 딱딱해져 거르기 어려워지니 식기 전에 하는 것이 철칙이다.

▶초간장 조림(니비타시)
국물을 많이 넣어 채소나 생선, 고기를 조리고 그대로 국물에 담가 두는 것. 그릇에는 간을 약하게 한 조림 국물도 모두 담고 재료와 같이 먹는다.

▶토막 생선(기리미)
대형 생선살을 적당한 크기로 토막낸 것. 연어, 대구, 삼치, 방어 등.

▶폰즈
감귤류의 과실을 사용한 혼합초. 대체로 유자, 영귤, 청귤, 레몬, 오렌지 등을 짜서 사용한다. 여기에 간장을 더하면 폰즈 간장이 된다.

▶한소끔 끓이기
국물이 끓어오른 후 조금 더 끓이고 불을 끄는 것.

▶혼합 다진 고기
소와 돼지 등 여러 고기를 다진 것을 말한다. 현재는 '소·돼지 다진 고기'처럼 혼합 비율이 많은 순서로 병기하여 표시한다.

▶화장염
생선을 한 마리 그대로 소금 구이를 할 때 가슴지느러미나 꼬리지느러미 등에 소금을 듬뿍 치는 작업. 다 구웠을 때 보기가 좋아진다. 전갱이, 은어, 도미 등에 치는 경우가 많다.

▶흰 파채(하얀 수염 파)
대파 하얀 부분을 4~5㎝ 길이로 잘라서 얇게 채 썰어 물에 담가 둔 것. 하얀 수염같이 하얗고 얇다고 해서 이 이름이 붙었다. 요리 마무리에 올리는 경우가 많다.